Helmut Seßler: Der Beziehungsmanager

Helmut Seßler

Der

Beziehungs-

manager

Noch mehr Erfolg im Verkauf durch
wirkungsvolle Beziehungsstrategien

INtem® Media

Seßler, Helmut:
Der Beziehungsmanager
Noch mehr Erfolg im Verkauf durch wirkungsvolle Beziehungsstrategien

ISBN Nr. 978-3-9808148-4-3

© 1997 beim Autor
Umschlag, Druck und Bindung: IN*tem*® Media, Mannheim

© Bildquellen: (fotolia.com)

© sebastian kaulitzki 1908789_L, © Dylan J Burrill 4974584_M, © Anatoliy Meshkov 4991859_M, © Helmut Niklas 2330807_M, © Lev Dolgatshjov 2200692_M, © Julien Rousset 4827856_M, © SBB 2380797_M, © Dmitry Khochenkov 2979123_M, © appler 3980522_M, © Ivan Grlic 410396_M, © Andres Rodriguez 3093443_M, © Kirsty Pargeter 5644912_M, © Edyta Pawlowska 160514, © Simon Jung 5774194_M, © Angie Lingnau 1807957_S, © goce risteski 699133, © Jocky 197219, © endostock 429791_M, © fotoflash 2389434_M, © pero-design 2399819_M, © Piotr Wardyński 4022583_M, © Julien Rousset 4827856_M, © Franck Boston 3089995_M, © androfroll 5219789_M, © Giordano Aita 5512949_M, © Wolf 4977451_M, © Maria.P. 2748166_M, © DerekL 5729491_M, © Daniel Käsler 1014510_M, © Johanna Goodyear 4032162_M, © Aurelio 4977665_M, © onlinebewerbung.de 2490543_M, © Tatyana Gladskih 5086653_S, © Karen Struthers 888728_M, © Kristian Peetz 4782607_M, © Maria.P. 2259389_M, © Andres Rodriguez 4519898_M, © Chris Gloster 2991095_M, © Elena Pokrovskaya 62667_M, © Goran Bogicevic 2825980_M, © René, Jansa 4418125_M, © michanolimit 4321519_L, © lrochka 4041475_M, © Marty Kropp 4188852_M, © Konstantinos Kokkinis 35983_M, © chrisroll 3266118_M, © Marc Dietrich 663047, © Eric Martinez 5512228_M, © Richard Blaker 3898064_M, © Jovan Nikolic 5456315_M, © Sascha Tiebel 5162442_M, © Helmut Niklas 2471987_M, © Kutum 3821672_M, © lusi78 5945103_M, © Alexandre Belinski 2652592_M, © Stefan Katzlinger 2597204_M, © Popsy 1315214_M, © Onidji 3869035_L

Der Autor

Helmut Seßler ist Gründer und Geschäftsführer der INtem® Unternehmensgruppe sowie Ansprechpartner für bundesweite und internationale Qualifizierungsprojekte im Vertrieb. Er ist seit über 25 Jahren erfolgreich als Verkaufstrainer und Verkaufstrainer-Ausbilder tätig. Er steht für die messbare und nachhaltige Umsetzungsorientierung von Weiterbildungsmaßnahmen.

Helmut Seßler hat mit dem INtem® Team drei Deutsche Trainingspreise, einen Weiterbildungsinnovationspreis, 11 Internationale Deutsche Trainingspreise, 3 Europäische Preise für Training, Beratung und Coaching gewonnen und den Human Ressource Excellence Award erhalten.

Er ist Autor mehrerer Bücher zu den Themen Beziehungsmanagement, Verkauf und Führung. Er ist Gründungsmitglied im Q-Pool 100 e.V., der Offiziellen Qualitätsgemeinschaft internationaler Wirtschaftstrainer und -berater e.V.

Weitere Key Points:

— Gründer des Instituts für Trainingsentwicklung und Methodenforschung (INtem®)

— Gründer und Inhaber des INtem® Media-Verlags

— Gründer der European Learning Academy (ELA®)

— NLP Master Practitioner, Trainer und Lehrtrainer DVNLP

— NLP Coach und Lehrcoach DVNLP

— Neuro Systemischer Coach

— INtem®-Konzepte wurden bereits 19 Mal ausgezeichnet

— Zertifiziert nach Michael Grinder (Gruppendynamische Ausbildung)

— Bankkaufmann, Betriebswirt, Immobilienfachwirt

— Master of Business Administration (MBA) Human Resources Management

— Verfasser zahlreicher Fachartikel und Autor mehrerer Bücher

— Seit mehr als 30 Jahren im Verkauf

— Gründungsmitglied im Q-Pool 100 – Die Offizielle Qualitätsgemeinschaft internationaler Wirtschaftstrainer und Berater e.V.

— Mitglied bei der German Speakers Association e.V.

— Mitglied seit über 20 Jahren im BDVT (Berufsverband für Trainer Berater und Coaches e.V.)

— Mitglied des Deutscher Fachjournalisten Verbands

Inhaltsverzeichnis

Teil I: Erfolgreich mit sich selbst umgehen

Teil II: Erfolgreich mit anderen umgehen

Vorwort

Was Sie mit diesem Buch erreichen können

Lesen Sie, welche ungeahnten Möglichkeiten Ihnen das Beziehungsmanagement als Kundenberater und Verkäufer bringt. Darüber hinaus kann Ihnen dieses Buch dabei helfen, sich selbst besser kennenzulernen, um mehr Spaß an der Arbeit zu finden. Sie werden die Spielregeln des Erfolgs kennenlernen und warum es wichtig ist, an sich zu glauben. Sie erfahren, wie Sie Probleme in Chancen umwandeln und Ihr Verhalten positiv verändern können, wie Sie aus dem alten Trott herauskommen.

Weiter wird Ihnen vermittelt, wie Sie das Beziehungsmanagement bei Ihrem Kunden erfolgreich anwenden können. Sie erfahren, wie einfach es ist, die Welt Ihres Kunden zu betreten und sie mit seinen Augen zu sehen sowie die Wünsche Ihres Kunden zu erkennen, um ihm somit Nutzen zu bieten. Weiterhin erlernen Sie die richtige Einstellung und das richtige Verhalten, um bei Ihren Kunden sicher zum Abschluss zu kommen.

Das Buch bietet Ihnen Möglichkeiten, sich selbst zu motivieren. Sie werden leicht und spielerisch zum erfolgreichen Beziehungsmanager und damit mehr und partnerschaftlicher verkaufen. Ist das nicht ein Ziel, für das es sich lohnt, die bisherige Einstellung zu überprüfen, um ggfs. neue Möglichkeiten zu nutzen? Ein Ziel, für das es sich lohnt, etwas Zeit zu investieren? Probieren Sie es aus. Sie wissen ja – Übung macht den Meister.

„Genie besteht immer darin, dass einem etwas Selbstverständliches zum ersten Mal einfällt." *Hermann Bahr*

Versuchen Sie, auf Ihrem Gebiet ein Kenner und Könner zu werden. Dieses Buch wird Ihnen helfen, Ihr Beziehungsmanagement täglich zu verbessern.

Helmut Seßler

Einführung

Zum Anfang eine Geschichte

Joe, ein Student aus Heidelberg, wollte sich in den Semesterferien etwas Geld verdienen. Als er überlegte, womit er möglichst viel verdienen könnte, hörte er von der Möglichkeit, in Kanada als Holzfäller zu arbeiten, was eine lukrative Sache sei. Kurz entschlossen buchte Joe einen Flug, setzte sich in die Maschine und flog nach Kanada. Im Holzfällercamp angekommen, stellte er sich dem Vorarbeiter vor. Dieser schaute ihn an und sagte „It´s okay, Joe, Du bist unser Mann", denn Joe war ein kräftiger Bursche.  „Halt, halt", sagte Joe, „so schnell geht das nicht. Sag´ mir erst einmal, was ich bei Euch verdiene." Der Vorarbeiter antwortete: „Du bekommst pro gefällten Baum 100 kanadische Dollar! Also, fang gleich an!" „Halt, halt", sagte Joe abermals, „wieviel Bäume fällt man denn so pro Tag?" Auch diese Frage konnte der Vorarbeiter beantworten, denn durchschnittlich fällt ein kräftiger Holzfäller 5 Bäume am Tag. „Nun," rechnete Joe, „5 Bäume mal 100 Dollar, das wären 500 Dollar pro Tag, mal 4 Wochen, das ergibt 14.000,-- Dollar. Tolle Sache", dachte er, „dafür werde ich auch hart arbeiten!" Joe sagte zu, bezog sein Quartier und stand am nächsten Morgen ausgeruht bei strahlendem Sonnenschein auf. Joe erhielt eine Axt, man teilte ihm Bäume zu – und los ging's. Joe spuckte in die Hände, er schlug einen Baum nach dem anderen. Er arbeitete wirklich hart. Als es Abend war, hatte Joe tatsächlich 5 Bäume gefällt. Stolz ging er ins Camp zurück und rechnete nochmals nach. „5 Bäume mal 100 Dollar mal 4 Wochen..." Mit einem zufriedenen Lächeln legte er sich schlafen. Der nächste Tag begann. Joe kam aus seiner Hütte, die Sonne lachte, er nahm die Axt und begab sich wieder in sein Arbeitsrevier. Er schlug kräftig zu und arbeitete hart wie am Vortag. Doch abends hatte er nur 4 Bäume gefällt! „Ach was", dachte Joe, „nur 4 Bäume, dabei habe ich doch ebenso hart gearbeitet wie gestern. Naja, vielleicht bin ich noch etwas verspannt von gestern, aber das wird sich ändern." Er ging wieder ins Camp und ruhte sich aus. Am nächsten Morgen stand er pünktlich in seinem Gebiet, schlug aufs neue Baum für Baum, doch es lief nicht wie erwartet. Trotz doppelter Anstrengung hatte Joe am Ende des Tages lediglich 3 Bäume gefällt. Etwas deprimiert fragte er seinen Kollegen „Sag mir doch, was mache ich falsch? Ich arbeite wie wild. Ich gehe voller Engagement an die Arbeit, spucke in die Hände und arbeite jeden Tag mehr als am Tag zuvor. Und dennoch fälle ich mit jedem Tag weniger Bäume. Ich brauche aber das Geld. Kannst Du mir einen Rat geben? Was mache ich nur falsch?" Doch der Kollege wusste auch keinen Rat, er hatte aber gehört, dass es weit entfernt in den Bergen einen alten, weisen Holzfäller geben solle, der sich in allem auskennt, was mit dem Bäumefällen zusammenhängt, ein uralter „Holzfällerrecke" mit dem Namen Jack, der auf alle Fragen Antworten wüsste. Als Joe dies hörte, machte er sich auf den Weg, um den Alten aufzusuchen und ihn um Rat zu fragen. Nach einem anstrengenden Tagesmarsch traf er bei dem alten „Lumberjack" ein. Müde und erschöpft setzte er sich hin und klagte sein Leid. Er erzählte: „Ich arbeite wie ein Stier, immer mehr. Und dennoch – je mehr ich arbeite, desto weniger Bäume fälle ich. Kannst Du mir sagen, was ich falsch mache?" Jack hörte aufmerksam zu. Und nach langem Überlegen fragte er: „Sag mir Joe, wann hast Du denn zum letzten Mal deine Axt geschärft?"

Sie werden sich nun fragen, was diese Geschichte mit unserem Buch zu tun hat?

Wissen, Können und Einstellung sind die Säulen des Erfolgs

Was für die Holzfäller die Axt ist, ist für Verkäufer Wissen, Können und die Einstellung zu sich, zur Arbeit und zu seinem Kunden. Die Axt schärfen heißt, besser mit sich umgehen können und dadurch auch mit dem Kunden. Sich motivieren und Ziele setzen, um diese zu erreichen. Die eigene Persönlichkeit auf- und ausbauen. Beziehungen herstellen und positiv darauf einwirken. Beziehungsmanager zu werden durch Wissen, Können und Einstellung. Den ersten Schritt dazu haben Sie bereits mit dem Erwerb dieses Buches getan. Es freut mich, dass Sie Ihre Axt schärfen und ein noch besseres Beziehungsmanagement aufbauen wollen.

Verkäufer zu sein, heißt heute meistens auch, Zielvorgaben und Zielvereinbarungen zu haben. Faires Beraten und dennoch „zielorientiertes Verkaufen", wie ist das möglich? Kann Beziehungsmanagement Ihnen dabei helfen? Ich glaube, es kann. Sie müssen es allerdings selbst ausprobieren. Sie werden beim Lesen dieses Buches viele Anregungen und Ideen für Ihre tägliche Arbeit in der Kundenbetreuung und im Verkaufsgeschäft bekommen. Sie werden erkennen, was Sie für sich und für den Kunden „Gutes" tun können, um damit die Bindung an Ihre Firma zu verstärken. Sie werden sehen, wieviel mehr Wirkung Sie bei Ihrem Kunden erzielen. Sie werden fühlen, wieviel Spaß und Zufriedenheit Sie als Beziehungsmanager im Kundenumgang haben.

Verbinden Sie faires Beraten mit zielorientiertem Verkaufen!

Vielleicht denken Sie jetzt „Das brauche ich eigentlich alles nicht. Ich habe exzellentes Fachwissen in langer Ausbildungszeit erworben. Ich biete meinen Kunden qualifizierte Beratungen. Was wollen er und ich noch mehr?" Sicher haben Sie recht, und es zeichnet Sie aus, immer wieder an Ihrem hohen Wissensstand zu arbeiten, um ihn zu verbessern. Aber besteht der Mensch nur aus Ratio? Besteht der Mensch nur aus Logik? Besteht der Mensch nur aus Preisdenken?

Ich möchte Sie gerne zu einem kleinen Test einladen. Sicher kennen Sie eine/n Berater/in oder kundenorientierte/n Verkäufer/in, den oder die Sie schätzen und achten, der oder die möglicherweise Ihr Vorbild ist. Bitte überlegen Sie kurz.

Übung:

Nachdem Sie sich für jemanden entschieden haben, stellen Sie sich diese Person bildlich vor. Hören Sie, was sie sagt. Sehen Sie, wie sie arbeitet. Notieren Sie jetzt all das, was Ihnen an ihm/ihr gefällt. Alles, was diese Person auszeichnet, was sie gut an ihr finden, alles, was Sie an ihr schätzen. Versuchen Sie, so viel wie möglich herauszufinden. Nehmen Sie sich dafür etwas Zeit. Notieren Sie dies in den nachfolgenden Kästchen.

Mir gefällt:	

Haben Sie genug gefunden?

Wie Sie sehen, besitzen erfolgreiche Verkäufer viele gute Seiten. Wir werden dies später noch genauer betrachten.

Lassen Sie uns zunächst gemeinsam die 3 Säulen des Erfolgs anschauen.

Die 3 Säulen des Erfolgs

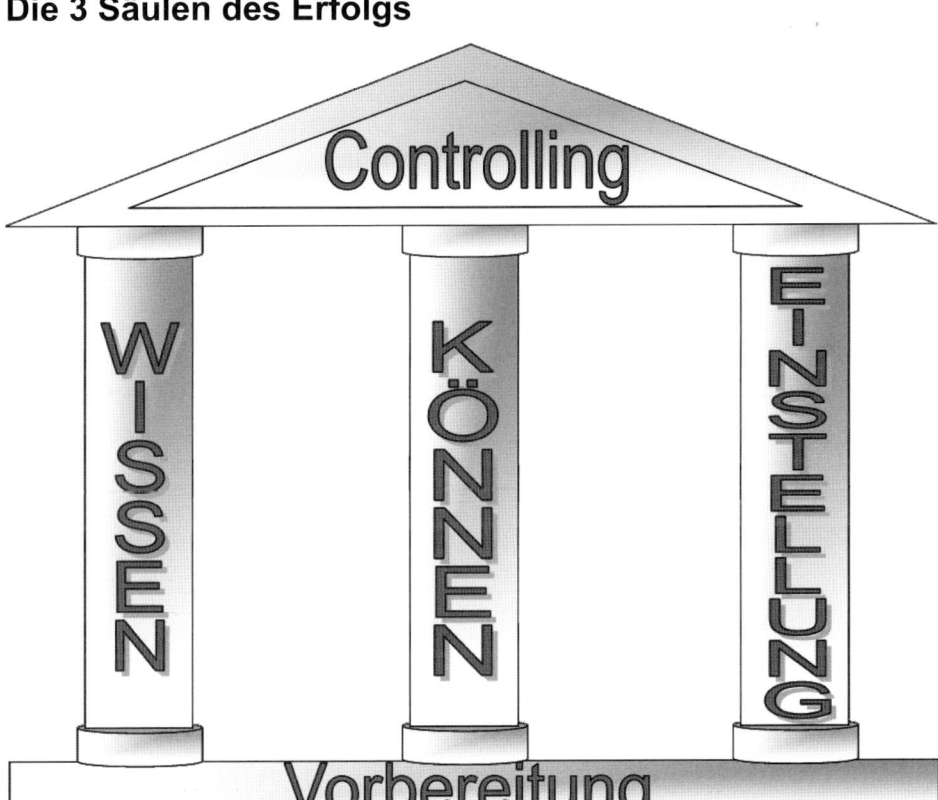

Abbildung 1: Die drei Säulen des Erfolgs

Wissen, Können und Einstellung (Wollen) sind die tragenden Säulen des Erfolgs. Um vom Wissen zum Können zu gelangen, gilt es zu üben. Ich gehe einmal davon aus, dass Sie wahrscheinlich Fahrrad, Motorrad oder Auto fahren. Zu wissen, wie das geht, ist relativ einfach. Das können Sie sich erklären lassen oder anlesen. Es gut zu können, ist die zweite Seite der Medaille. Da heißt es üben! Erinnern Sie sich an Ihre erste Fahrstunde? Sie mussten mit einem Fuß die Kupplung treten, gleichzeitig mit der rechten Hand den richtigen Gang einlegen, dann, während Sie die Kupplung langsam losließen, mit dem anderen Fuß etwas Gas geben, aber nicht zu viel. Dazu mussten Sie den laufenden Verkehr beobachten und den Anweisungen Ihres Fahrlehrers zuhören. Alle Ihre Sinne und Körperaktivitäten waren gleichzeitig gefordert. Erinnern Sie sich, wie schwierig Ihnen das damals vorkam? Und wie ist es

heute? Es geht alles ganz automatisch. Warum? Das Üben hat aus Ihnen einen Meister gemacht!

Wie beim Autofahren ist es auch beim Umgang (Fahren) mit Menschen. Vieles ist Übungssache. Beziehungsmanagement zu beherrschen, bedarf der Übung. Die Herausforderung besteht darin, immer wieder verschiedene Möglichkeiten auszuprobieren, bis Sie ein Könner auf der Beziehungsebene sind. Bisher haben wir von zwei Säulen gesprochen. Reichen diese aus? Nein, es fehlt noch die Säule der Einstellung. Wenn ich nicht Auto fahren will, weil ich es als sinnlos, zu gefährlich oder überflüssig erachte oder weil ich mich nicht diesem Lernprozess und dem Prüfungsstress unterziehen will, oder permanent Angst habe, es nicht zu schaffen, dann nützen die besten Ratschläge nichts. Sie werden das Autofahren nicht erfolgreich erlernen. Ebenso verhält es sich auch im Beziehungsmanagement mit Ihren Kunden. **Die Einstellung ist eine der wichtigsten Säulen des Erfolgs.**

Übung:

Sie haben vorhin alles notiert, was Sie an eine/m/r erfolgreichen Verkäufer/in schätzen. Ordnen Sie diese Attribute doch einmal den 3 Säulen zu. Es können dabei eine, zwei oder alle drei Säulen in Frage kommen, meist jedoch werden nur eine oder zwei zutreffen. Probieren Sie es spielerisch aus. Nehmen Sie sich ein wenig Zeit und fügen Sie in der jeweiligen Säule für jede Notiz ein Kreuz ein.

Wenn Sie diese Übung beendet haben, werden Sie feststellen, dass sicherlich alle drei Säulen für eine erfolgreiche Kundenbetreuung notwendig sind. Vielleicht erzielen Sie ein ähnliches Ergebnis, wie ich es in unseren Trainings in 9 von 10 Fällen erhalte: Die Säulen „Können" und „Einstellung" weisen die meisten Kreuzchen auf. Das zeigt, wie wichtig nicht nur unser Wissen, sondern auch das Können und die Einstellung sind. Es sei noch kurz angemerkt, dass Ihr Ergebnis nicht von mir vorgegeben wurde, sondern dass Sie sich selbst einen tollen Verkäufer ausgesucht haben und dass **Sie** dessen Pluspunkte notiert haben. Das Ergebnis ist eine Auswertung Ihres Vorbildes. Vielleicht können Sie jetzt schon erkennen, wie wichtig die Säulen Können und Einstellung für unseren Verkauf bzw. unser Beziehungsmanagement sind.

Als langjähriger Außendienstmitarbeiter und Geschäftsführer eines verkaufsaktiven Unternehmens weiß ich, wieviel Wert die meisten Verkäufer auf Ihr Fachwissen legen, wie sie es beherrschen und täglich noch mehr dazulernen wollen. Selbstverständlich ist es wichtig, dass Sie über ein gutes Basiswissen – und noch mehr – verfügen. Wissen ist eine bedeutende Säule, da Sie Ihren Kunden bestmögliche Beratung bieten wollen und müssen. Doch zusätzlich gehören, wie Sie sehen, die richtige Einstellung und das Können dazu. Beziehungsmanagement spielt sich größtenteils innerhalb dieser Bereiche ab. Es ist eine Sache Ihrer Einstellung und des Übens. Beziehungsmanagement wird Ihnen nicht nur helfen, besser und effektiver mit Ihrem Kunden umzugehen, sondern vor allen Dingen auch einfacher und schneller Ihre Verkaufs- und Umsetzungsziele zu erreichen. Nicht durch schnelles Verkaufen, nein, Ihr Kunde wird sich wohl fühlen und zufrieden sein und gerne mit Ihnen Geschäfte tätigen. Wenn Sie bereits zufriedene Kunden haben, wovon ich ausgehe, dann lesen Sie in diesem Buch, was Sie tun können, damit Ihre Kunden noch zufriedener werden. Denn erst bei zufriedener Kundschaft, kann man von Beziehungsmanagement sprechen. Die Basis hierzu besteht darin, seine eigene „Stimmung" in den Griff zu bekommen, um dann die Stimmung des Kunden positiv beeinflussen zu können. Aus diesem Grund ist das Buch in zwei Teile gegliedert.

Kunden, die sich wohl fühlen, tätigen gerne Geschäfte mit Ihnen!

I. Teil: Erfolgreich mit sich selbst umgehen
II. Teil: Erfolgreich mit anderen umgehen

Doch was ist Beziehungsmanagement und was bedeutet es für den Verkauf? Beziehungsmanagement wird das magische Wort der Zukunft sein. Beziehungsmanagement bedeutet: „aktive Verkäufer-Kunden-Beziehung".

Oft höre ich im Training folgende Fragen: „Aber kann ich mit der „Beziehungskiste" denn auch richtig verkaufen? Ist es nicht meine vorrangige Aufgabe, Produkte oder Dienstleistungen anzubieten, damit ich meine Zielvereinbarung bzw. Zielvorgabe erfülle? Wie soll mir denn das manchmal „langweilige" Kundengeplauder konkret im Verkauf weiterhelfen?" Fragen über Fragen.

Sie sind der Steuermann Ihres „Beziehungsschiffes"

Beziehungsmanagement ist die Fähigkeit, die Welt Ihres Kunden zu betreten, Gemeinsamkeiten zu entdecken und zu pflegen, eine Ebene, um Gleichartigkeit und Gleichberechtigung herzustellen. Sie bauen damit das für den Abschluss unverzichtbare Vertrauensverhältnis zwischen sich und dem Kunden auf. Entwickeln Sie Ihre eigene Methode, um mit Ihrem Kunden faire und lang anhaltende Geschäfte tätigen und eine partnerschaftliche Geschäftsbeziehung eingehen zu können. Beziehungsmanagement stellt die Bindung zwischen Ihnen und Ihrem Kunden in den Mittelpunkt, nicht das Produkt oder die Dienstleistung. Wenn es um zwischenmenschliche Beziehungen geht, gibt es zwei wichtige Komponenten: Sympathie und Vertrauen, die Grundsteine für eine Beziehung, die Ihren Kunden zu Ihrer aktiven Vollreferenz werden lässt.

Es liegt in Ihrer Hand. Als Beziehungsmanager sind Sie der Steuermann des „Beziehungsschiffes". Sie bestimmen den Kurs! Ob es angenehm gleitet oder schlingert, liegt in Ihrer Hand. Sie bestimmen den Hafen, und Sie sind für das sichere Ankommen Ihres Schiffes verantwortlich. Fangen Sie jetzt damit an, „der Beziehungsmanager" zu werden. Erwerben Sie Ihr Kapitänspatent.

Auf ein offenes Wort

Dieses Buch ist an Sie und Verkäufer gerichtet, die aus eigener, persönlicher Überzeugung ihre Kunden gerne, ehrlich und kompetent beraten. Es ist für Menschen, die gerne mit Menschen umgehen, also für alle, die nicht nur einen „Käufer", sondern einen Menschen vor sich haben. Dieses Buch soll Ihnen als Verkäufer helfen, noch mehr Möglichkeiten für den Umgang mit Ihren Kunden zu finden, zu erlernen und in Ihren Verkaufsgesprächen einzusetzen.

Wenn Sie Verkauf nur als rationale Abwicklung sehen, dann lassen Sie sich von diesem Buch über Wirkungen und Möglichkeiten des emotionalen zwischenmenschlichen Umgangs inspirieren.

Ein Fachbuch über Organisation und produktspezifisches Wissen
will dieses Buch nicht sein. Es ist geschrieben, um die Beziehungen zwischen Verkäufer und Kunde bestmöglich zu gestalten, es
ist nicht „der Knigge für Verkäufer". Im Gegenteil, es soll Sie beim
Verkaufen Ihrer Produkte und Dienstleistungen, beim Erreichen
Ihrer kontinuierlichen Zielvorgaben und Zielvereinbarungen unterstützen. Vielleicht wird es für Sie ein Wegweiser in die Zukunft.

Es kann und wird Ihnen helfen, Ihre Verkaufsumsätze mit dem
Kunden gemeinsam zu erreichen – und nicht aus dem Muss der
Umsatzvorgabe heraus. Hier geht es nicht um Verkäufertricks, **Beziehungs-**
sondern um kundenorientierten Umgang mit Ihrem Gesprächspart- **manage-**
ner und um Ihre eigene Einstellung. Nicht nur verkaufen, sondern **ment**
überzeugen – und dies nicht nur im Fachbereich, sondern auch **bedeutet**
im menschlichen Umgang. Oder besser gesagt, Ihre Aufgabe als **überzeugen**
Verkäufer hat in der heutigen Zeit einen weiteren, ausgesprochen **im**
interessanten Fachbereich hinzubekommen: das Beziehungsma- **zwischen-**
nagement. Wirkungsvolles Beziehungsmanagement geht weit über **mensch-**
die normale Kundenverbindung hinaus. Beziehungsmanagement **lichen**
wird eine Ihrer neuen Aufgaben neben Fachberatung und allen Ih- **Bereich!**
ren sonstigen Kundenaufgaben werden. Beziehungsmanagement
bedeutet, die Verkäufer-Kunden-Beziehung aktiv zu gestalten und
nicht dem Zufall zu überlassen. Dies ist heute umso wichtiger, da
sich Produkte und Dienstleistungen immer mehr gleichen und somit austauschbar sind. Selbst neue Ideen werden in Windeseile
im Wettbewerb analysiert und in ähnlicher Form nachgeahmt. Der
Markt wird immer identischer, immer enger. Das aber bedeutet,
dass der Mensch und die Beziehungen von Menschen zueinander
einen entscheidenden Stellenwert einnehmen.
Doch was heißt Beziehungsmanagement ganz konkret? Wie können wir Beziehung definieren?

Beziehung	**Manager**
— Der Umgang miteinander	— Ein Macher
— Der Kontakt untereinander	— Ein Leiter
— Der Draht zueinander	— Ein Steuermann
— Die Vorstellung voneinander	— Ein Vorbild
— Das Auskommen miteinander	— Ein Problemlöser
— Zwischenmenschliche Ebenen	

Pflegen Sie aktiv, ehrlich und verantwortungsbewusst den zwischenmenschlichen Kontakt

Sicher gibt es für diese Begriffe noch genügend andere Assoziationen und Erklärungen. Doch lassen Sie uns „unseren BEZIEHUNGS-Manager" weiter definieren. Beziehungsmanager ist die Person, die aktiv, ehrlich und verantwortungsbewusst den zwischenmenschlichen Kontakt positiv herstellt, aufbaut und hält sowie Wünsche und Probleme erkennt und Lösungswege zeigt.

Der Umgang mit Menschen ist eine Frage des Verhaltens. Wer etwas an seinem Verhalten ändern möchte, wird feststellen, dass dies nicht einfach durch Lesen eines Buches geschieht, indem man nickend zustimmt, jedoch im alten Trott weiterarbeitet. Deshalb ist dieses Buch als Trainingsbuch geschrieben. Es wird die von Ihnen gewünschten Änderungen Schritt für Schritt in die Praxis ermöglichen. Einen Laib Brot essen Sie doch auch nicht an einem Stück, sondern Sie schneiden ihn in Scheiben. Also gehen Sie auch bei Ihrer Verhaltensänderung scheibchenweise vor. Entfalten Sie Ihre eigene Persönlichkeit und werden Sie „Der BEZIEHUNGS-Manager". Sie wissen ja:

„Das einzige, was **nicht** stört, ist der Kunde!"

Wie Sie am meisten von diesem Buch profitieren können

Hier sechs einfache Tipps, wie Sie größtmöglichen Nutzen aus diesem Buch ziehen können. Zunächst ein Beispiel:

Der Sohn einer meiner Freunde gehört mit 17 Jahren bereits zur deutschen Tenniselite. Wie hat er das geschafft? Er hatte den brennenden Wunsch, ein hervorragender Tennisspieler zu werden und deshalb alles dafür getan, seine Fähigkeiten durch ständiges Training immer mehr zu verbessern.

1. Tipp:

Um ein hervorragender Beziehungsmanager zu sein, gilt ähnliches. Dabei ist es weniger wichtig, unendliche Regeln und Techniken zu lesen, vielmehr sollten Sie den starken Wunsch besitzen, etwas über sich und andere Menschen lernen zu wollen und fest entschlossen sein, diese Fähigkeiten im Umgang mit Ihren Kunden und sich selbst einzusetzen und zu verbessern.

Stellen Sie sich immer wieder vor, dass Sie Spaß haben werden und dabei zufrieden sind, dass Ihnen Ihre Arbeit leicht von der Hand geht, dass Sie Ihr Einkommen steigern und Sie sich viele Ihrer Wünsche erfüllen können. All das ist möglich, weil Sie der „Manager von Beziehungen" sind. Es hängt von Ihrem geschickten Umgang mit Menschen ab. Schreiben Sie sich einen Leitspruch auf, den Sie sich immer wieder vorsagen, z. B. „Mein Einkommen, meine Anerkennung, mein Glück und meine Zufriedenheit hängen vom erfolgreichen Umgang mit Menschen ab. Ich bin selbst dafür verantwortlich." Wählen Sie einen ähnlichen Satz. Schreiben Sie sich Merkzettel, die Sie an den verschiedensten Stellen gut sichtbar deponieren. Wie wäre es mit dem Spiegel im Bad, in Ihrem Zeitplanbuch, im Auto, auf dem Schreibtisch usw.? Ich bin sicher, es fallen Ihnen noch weitere geeignete Orte ein.

Betrachten Sie sich selbst als erfolgreichen Beziehungsmanager.

Machen Sie sich eine eigene Vorstellung, also einen Film in Ihrem Kopf, wie das ist und hören Sie Ihren Leitspruch. Hören Sie, was Sie sagen und wie Sie mit anderen erfolgreiche Gespräche führen. Während Sie das tun, fühlen Sie einmal in sich hinein, wie angenehm das für Sie ist. Schaffen Sie sich so Ihr eigenes Bild von dem, was Sie gerne sein möchten. Sie werden beim Lesen des Buches viele Möglichkeiten kennenlernen, die Ihnen helfen, dieses Ziel zu erreichen.

2. Tipp:

Lesen Sie ein Kapitel dieses Buches zuerst einmal ruhig durch. Legen Sie dabei öfter eine Pause ein und überlegen Sie, wie und wo Sie das Gelesene ganz konkret für sich nutzen können. Danach lesen Sie das entsprechende Kapitel nochmals. Markieren Sie sich dabei wichtige Stellen. Erst dann wenden Sie sich dem nächsten Kapitel zu.

3. Tipp:

Sie finden in diesem Buch eine Vielzahl der unterschiedlichsten Übungen und Aufgaben. Alle sind geeignet, Sie Ihrem Ziel näherzubringen. Sie haben die Wahl. Die erfolgreichste Möglichkeit ist: Sie kaufen sich ein separates Heft und beschriften dies als Ihr „Persönliches Strategieheft". Darin notieren Sie die vorgeschlagenen Übungen und Aufgaben sowie Ihre Ausarbeitungen dazu. Danach setzen Sie das Ganze in Ihre tägliche Praxis um. Sie werden sehen, wie Sie durch einfaches, regelmäßiges Üben sehr schnell Erfolge erzielen. Die zweite Möglichkeit: Sie machen die Übungen mental (im Geiste) mit. Der Vorteil: Es geht schneller. Der Nachteil: Gute Ideen sind schnell vergessen. Die dritte Möglichkeit: Sie wählen die für Sie wirklich wichtigen Übungen und führen diese schriftlich aus, den Rest machen Sie mental mit. Je mehr Sie niederschreiben, desto größer wird Ihr Erfolg. Frei nach dem Spruch von Erich Kästner: „Es gibt nichts Gutes, außer man tut es." Probieren Sie dies so lange, bis es Ihnen gelingt und Sie die richtige Strategie gefunden haben.

4. Tipp:

Überlegen Sie vor Beginn jeder Umsetzungsaufgabe, wie Sie sich selbst belohnen können, wenn Sie das Erlernte erfolgreich umgesetzt haben und genießen Sie diese Belohnung dann auch.

5. Tipp:

Es ist erstaunlich, wie schnell wir etwas vergessen. Da ich nicht regelmäßig an meinem PC arbeite, muss ich öfter im Handbuch nachschlagen oder bei meinen Kollegen nachfragen, um mein Wissen wieder parat zu haben. Wenn Sie optimal von diesem Buch profitieren wollen, empfehle ich Ihnen, regelmäßig ein paar Stunden pro Monat darin zu lesen, um Teile zu wiederholen und zu überdenken, bis alle für Sie wichtigen Erkenntnisse in Fleisch und Blut übergegangen sind.

6. Tipp:

Machen Sie sich Ihre Fortschritte bewusst. Notieren Sie Ihre Erfolge regelmäßig. Wer seine Zeit und seine Ziele gut im Griff hat, plant diese vorher. Ziehen auch Sie am Ende jeder Woche Bilanz über den Erfolg der vergangenen Zeit. Überdenken Sie, was Sie hätten besser machen können, aber beachten Sie auch, was gut war. Machen Sie sich darüber Notizen. Schreiben Sie es nieder. Führen Sie ein Tagebuch Ihrer Erfolge. Machen Sie sich regelmäßig bewusst, welche Fortschritte Sie als Beziehungsmanager im Umgang mit Menschen schon gemacht haben.

Wenn Sie auf diese Art mit dem Buch arbeiten, werden Sie sehr schnell feststellen, wie Sie Ihr Beziehungsmanagement täglich verbessern können.

Die sechs Tipps auf einen Blick:

1. Sie müssen sowohl den Wunsch als auch die Entschlossenheit haben, Ihre Fähigkeit als Beziehungsmanager voll zu aktivieren. Sehen, hören und fühlen Sie, wie es ist, wenn Sie dies erreicht haben.
2. Markieren Sie wichtige Stellen im Buch. Überlegen Sie, wo Sie diese Erkenntnisse in Ihrer täglichen Arbeit ganz konkret einsetzen können.
3. Notieren Sie sich klar umrissene Umsetzungsaufgaben.
4. Belohnen Sie sich für erfolgreiche Umsetzung.
5. Wiederholen Sie regelmäßig für Sie wichtige Teile des Buches.
6. Ziehen Sie wöchentlich Resümee. Notieren Sie sich Ihre Erfolge als Beziehungsmanager.

„Lernen ist wie rudern gegen den Strom.

Wer aufhört, wird zurückgetrieben."

Teil I:

Erfolgreich mit sich selbst umgehen

Erfolgreich mit sich selbst umgehen

Kapitel 1: Ihr Glaube an sich wird Ihre Zukunft ändern

Es war vor tausenden von Jahren. Die Götter beriefen ihren Rat ein, und Zeus gab den ersten Punkt der Tagesordnung bekannt: „Die Menschen auf der Erde werden immer aufmüpfiger, immer selbstbewusster. Das gefällt uns nicht und wir müssen etwas dagegen unternehmen. Wir werden das Selbstbewusstsein der Menschen einfach verstecken, so dass sie es nicht mehr finden. Lasst uns beraten, wo." Nun begann eine große Diskussion, was zu tun wäre, damit man die Menschen wieder in den Griff bekäme. Es meldete sich der Gott zur Rechten des Zeus mit dem Vorschlag: „Ich glaube, wir sollten das Selbstbewusstsein der Menschen nehmen und auf den höchsten Berg der Erde legen." Doch Zeus war mit dieser Lösung nicht ganz einverstanden, er sagte: „Ich glaube nicht, dass das geht. Die Menschen sind so erfinderisch, die werden Haken und Seile entwickeln und alles daransetzen, dass sie auf den Berg kommen und ihr Selbstbewusstsein wiederfinden." Man diskutierte weiter und es kam ein zweiter Vorschlag: „Wir sollten das Selbstbewusstsein der Menschen nehmen und auf den tiefsten Punkt des Meeres versenken." Mit diesem Vorschlag war Zeus aber auch nicht einverstanden, denn er glaubte, dass die Menschen mit Sicherheit ein Gerät, eine Kugel oder irgend etwas anderes erfinden könnten, mit dem sie auch auf den tiefsten Punkt des Meeres gelangen könnten, um das Selbstbewusstsein wiederzubekommen. Nach einer längeren Diskussion kam erneut eine Idee, der zweite Gott von links schlug Folgendes vor: „Wir sollten ein Loch graben, bis in die Mitte der Erde, sollten das Selbstbewusstsein dort hineinlegen und das Loch wieder zuschütten." Doch auch das gefiel Zeus nicht, denn er dachte, mit Sicherheit werden die eine Maschine finden, eine Bohrtechnik oder sonstiges, um ihr Selbstbewusstsein auch aus der tiefsten Tiefe wieder hervorzuholen. Anschließend gab es eine lange Diskussion, der große Ratlosigkeit folgte. Man konnte keinen vernünftigen Vorschlag mehr finden. Da meldete sich der Azubi-Gott und sagte: „Ich habe auch einen Vorschlag. Ich denke, wir nehmen das Selbstbewusstsein der Menschen und verstecken es tief in seinem Innersten, denn dort wird er am wenigsten danach suchen." Dieser Vorschlag fand die Zustimmung aller Götter und hat bis zum heutigen Tage Gültigkeit.

Aktivieren Sie Ihr Selbstbewusstsein

Fazit: Die Möglichkeiten und Fähigkeiten, etwas zu bewegen, selbstbewusst zu sein, sind in jedem von uns verborgen. Man muss sie sich nur bewusst machen, man muss sie einfach nur aktivieren. Sicher haben Sie schon einmal Ihr persönliches Horoskop gelesen. Wenn man Ihnen nun die Aufgabe stellen würde, über sich selbst ein Horoskop zu erstellen, wie würde das aussehen? Welche Stärken – z. B. kommunikativ, innovativ usw. – und welche Schwächen – oberflächlich, unordentlich usw. – würden Sie sich selbst bescheinigen?

Übung:

Nehmen Sie bitte Ihr persönliches Strategieheft zur Hand und notieren Sie in kurzen Stichworten unter der Überschrift „Mein Horoskop" alle Ihre Eigenschaften. Nehmen Sie sich hierfür ca. 5 Minuten Zeit. Überlegen Sie in Ruhe. Aber schreiben Sie Ihre Gedanken nieder. Lesen Sie erst dann weiter. Beginnen Sie jetzt damit. Die notierten Stichworte werden widerspiegeln, wie Sie sich selbst sehen.

In den folgenden Kapiteln wollen wir das Selbstvertrauen bzw. das „Sich-selbst-etwas-Zutrauen" näher betrachten. Es ist ein wichtiger Teil im Umgang mit uns selbst. Was wir uns zutrauen, hängt davon ab,

— was wir über uns denken,
— an was wir glauben und
— was wir meinen, erreichen zu können.

Voraussetzungen für unser Handeln sind daher unsere Glaubenssätze, d. h. unsere persönliche Überzeugung. Wenn Sie in den Spiegel schauen, sind Sie dann zufrieden mit sich oder eher unzufrieden? Wie sehen Sie sich? Beurteilen Sie sich eher als Misserfolgs- oder als Erfolgstyp? Als Problem- oder Chancen-Denker? Als negativ oder positiv denkenden Menschen? Die Grundlage dessen, wie Sie sich sehen, sind Ihre Glaubenssätze. Sie bilden Ihre feste und innere Überzeugung. Glaubenssätze sind all das, was Sie persönlich glauben. Diese sind tief in uns verwurzelt. Sie werden bereits früh in uns geprägt und stammen häufig von unseren Eltern oder sonstigen äußeren Einflüssen. Alles, was Sie im Laufe des Lebens hören, sehen und erleben, wird in Ihrem Unterbewusstsein gespeichert – Sie sind überzeugt – oder nicht. Glaubenssätze sind für uns oft feste Gebote, wie „Männer weinen nicht", „Ein Indianer kennt keinen Schmerz" usw. Sie wirken je nachdem, wie wir sie auffassen, unterschiedlich auf uns. Beispielsweise erzählte ein Teilnehmer, dass bei ihm zu Hause früher oft folgender Satz fiel: „Karl schafft das schon, im Gegensatz zu seiner Schwester!" Unbewusst wurde dieser Satz gespeichert und wirkte somit auf den inneren Zustand und damit auf das äußere Verhalten. Der Glaubenssatz, den Karl in seinem Unterbewusstsein ablegte, stellt sich ganz anders dar als der im Unterbewusstsein seiner Schwester gespeicherte. So entwickelte sich auch die Einstellung dieser beiden Menschen völlig unterschiedlich. Karl wurde ein junger Mann, der gern alles ausprobiert und Neues anpackt, im Gegensatz zu seiner Schwester, die heute, mit 30 Jahren, vor jeder größeren Entscheidung zweifelt, ob sie es richtig macht und schaffen wird.

Entscheidend ist, was Sie über sich selbst glauben

Im Verkauf bedeutet das: wenn wir glauben,

— der Markt ist hart
— verkaufen wird immer schwerer
— unsere Kunden sind unbequem
— meistens sind wir zu teuer usw.

haben diese Gedanken (Überzeugung) großen Einfluss auf unser Verhalten.

Überzeugungs-/Glaubenssätze sind ein fester Bestandteil unserer Einstellung, denen das Handeln folgt.
Das, was wir glauben, bestimmt unser Denken. Was wir denken,

Unsere Glaubenssätze bestimmen unser Handeln

ist die Grundlage innerer Bilder, Worte, Gefühle und Vorstellungen, und diese wiederum sind die Grundlage unseres Handelns.

Sicher haben Sie schon einmal vom Placebo-Effekt gehört, wobei Arzneimittel gegen „Blindgänger", z. B. Traubenzuckertabletten, ausgetauscht werden. Diese „Arzneimittel" werden einer Testgruppe verabreicht. Die Hälfte der Gruppe erhält echte Medikamente, die andere Hälfte erhält die Placebos. Allen Patienten wird erklärt, dass sie hoch wirksame Arzneimittel gegen ihre spezielle Erkrankung bekämen. Am Ende der Testphase werden erstaunliche Ergebnisse erzielt, d. h. auch die Gruppe der Placebo-Patienten weist hohe Heilungserfolge auf. Allein der Glaube, dass dieses Medikament hilft, lässt einen großen Teil der Testpersonen genesen.

Es ist ausschließlich Ihre Entscheidung, was Sie glauben

Erfolgreich sein heißt also auch positiv über sich selbst denken. Deshalb ist es wichtig, seine eigene Überzeugung, d. h. seine Glaubenssätze einmal zu überprüfen, die positiven zu stärken und auszubauen bzw. die negativen zu notieren und zu überdenken, inwieweit sie für unseren Erfolg und unsere Einstellung dienlich sind. Denn das, was Sie persönlich glauben, ist ausschließlich Ihre eigene freiwillige Entscheidung.

Sie bestimmen die Realität

Akzeptieren Sie die unterschiedlichen Vorstellungen der Realität

In unseren Trainings stelle ich oft die Aufgabe, die Welt in 10 Sätzen zu beschreiben. Die Welt, in der wir leben. Eine relativ einfache Aufgabe. Beim Abfragen kommt es zu völlig unterschiedlichen Ergebnissen. Während ein Teilnehmer die Welt als bunt, farbig, schön und liebenswert darstellt, erklärt ein anderer die Welt als rund und voller Kriege, Ozonloch, Luftverschmutzung, während wieder ein anderer die Welt mit Autofahren, Spaß, Lebenslust beschreibt. Sicher können Sie sich vorstellen, dass alle Teilnehmer verschiedene Erfahrungen, das heißt unterschiedliche Weltanschauungen haben. Warum ist das so? Die Welt ist so komplex und groß, dass es nicht möglich ist, sie von 2 Menschen identisch beschrieben zu sehen. Wie wir die Welt verstehen, hängt von unserer Einstellung ab bzw. davon, wie wir glauben, dass sich die Welt für uns darstellt. Das heißt, **was wir als Bild der Welt in uns tragen, ist**

lediglich eine Landkarte unserer persönlichen Sicht der Welt.
Im Laufe der Jahre wurde diese Landkarte von jedem Menschen
individuell angelegt. Keine Landkarte gleicht der eines anderen,
was zwangsläufig zu unterschiedlichen Betrachtungsbildern führt.
Eine Karte ist jedoch nicht das Gebiet, sie gibt lediglich das Gebiet
wieder. Was also ist Realität? Es gibt keine Realität. Realität ist
das, was Sie sich selbst schaffen: Es ist Ihre Realität.

Sicher waren Sie schon einmal mit einem Bekannten im Kino oder
haben gemeinsam einen Film im Fernsehen angeschaut. Es kann
gut sein, dass Sie ganz begeistert von dem Film waren, Ihr Bekannter aber eher enttäuscht und den Film nur mittelmäßig bis
schlecht fand – oder umgekehrt. Sie sahen jedoch beide denselben Film. Sie sahen dieselben Darsteller, hörten dieselben Worte,
saßen zur selben Zeit im selben Kino – und dennoch wird jeder
diesen Film für sich unterschiedlich werten. Womit hängt dies alles zusammen? Es hängt mit unserer Einstellung und dem, was
wir glauben, zusammen. Ob wir etwas als gut oder schlecht betrachten, ist ausschließlich unserer eigenen Realität zuzuordnen.
Ob Sie aus einer Begebenheit, z. B. einer Verkaufsberatung, eine
saure Zitrone oder eine süße Orange machen, liegt ausschließlich
bei Ihnen, es hängt von Ihrer Einstellung ab.

Deshalb sehen erfolgreiche Menschen ihre Welt so, wie sie sie
sehen wollen. Sie bewerten alles, was um sie passiert derart, dass
es sie ihren Zielen näherbringt. Sie gehen in die selbst gewählte
Richtung und achten auf das andauernde Feedback, ob sie sich
ihren Zielen nähern oder sich davon entfernen und ändern notfalls
ihre Strategie, um die Ziele zu erreichen.

Wenn einer Ihrer Glaubenssätze lautet „Der Kunde ist König",
dann werden Sie

— überlegen, wie Sie dies Ihrem Kunden zeigen können,
— prüfen, was Sie konkret tun können, damit Ihr Kunde es auch
  merkt. Sie machen es sich zum Ziel.
— regelmäßig das Feedback Ihrer Kunden überprüfen.
— Entspricht es nicht Ihren Erwartungen, überprüfen Sie Ihre

**Entschei-
dend ist,
was
Sie über
Ihre Kunden
denken**

Erfolg beginnt im Kopf, woran Sie glauben und an was Sie denken

Strategie und ändern Sie diese gegebenenfalls, bis Sie mit dem Feedback einverstanden sind.

Mit der Denkweise und dem, was Sie glauben, beginnt Ihr Einstieg ins Beziehungsmanagement.

Von Glaubenssätzen und Wertedenken

„Die Dinge haben nur den Wert, den man ihnen verleiht."

Jean Baptiste Molière

Glaubenssätze sind eng mit unseren Werten verbunden. Wahrscheinlich kennen Sie einen der folgenden Glaubenssätze: „Ehrlich währt am Längsten" oder „Der Ehrliche ist immer der Dumme". Lesen Sie diese Sätze nochmals durch und fühlen Sie, welche inneren Reaktionen der eine oder andere Satz bei Ihnen auslöst. Bilden Sie sich Überzeugungs-/Glaubenssätze, die es wert sind, danach zu handeln. Vor vielen Jahren war ich bei einer Bausparkasse im Verkauf tätig, wodurch ich immer wieder mit Immobilien zu tun hatte. Da ich als junger Verkäufer möglichst schnell viel Geld verdienen wollte, habe ich mir den Immobilienmarkt genauer angeschaut und mich schließlich entschlossen, Immobilien zu verkaufen. Im Laufe meiner Verkaufstätigkeit stellte ich jedoch fest, dass Geldverdienen zwar beruhigt, aber nicht das allein Glücklichmachende ist. Also überdachte ich meine Einstellung und legte mir

Überprüfen Sie Ihre Glaubenssätze und bringen Sie sie mit Ihren Werten in Einklang!

neue Glaubenssätze fest, die es wert sind, nach ihnen zu handeln. Es war der Zeitpunkt gekommen, an dem ich beschloss, anderen Menschen zu helfen, erfolgreich zu sein, besser mit ihrem Leben zurechtzukommen und besser und einfacher zu verkaufen. Ich trat zum nächstmöglichen Termin aus dem Immobiliengeschäft aus und verkaufte alle Anteile an der Firma, die ich noch besaß, um dieses Ziel zu verwirklichen. Getrieben von dem Wunsch, etwas Wertvolles zu tun, begann ich nun, ein Trainingsprogramm zu entwickeln, zu testen und durchzuführen. Dies alles lief über einen Zeitraum von ca. einem Jahr, ohne dass nennenswerte Einnahmen auf meinem Konto zu verzeichnen gewesen wären. Dennoch war ich sicher, irgendwann damit mein Geld zu verdienen. Ich habe den Glaubenssatz für mich wertvoller gemacht, indem ich ihn umgedreht habe. Mein früherer Glaubenssatz hieß „Verdiene Geld, indem du Immobilien verkaufst", ich änderte ihn in „Hilf anderen Menschen und verdiene Geld damit!" Was vorher primär war, das Geldverdienen, war auf einmal nicht mehr ausschlaggebend. Hier sei erwähnt, dass ich seit 1989 Trainings durchführe, und wie geplant, ausreichend damit verdiene. Ich habe im Laufe dieser Zeit Menschen kennengelernt, die nur deshalb in einer Firma arbeiten, weil sie dort einen sicheren Arbeitsplatz vorfinden. Fragen Sie sich selbst, ob auch Sie diesen Glaubenssatz und eine solche Einstellung haben. Wenn ja, prüfen Sie, wie sehr Sie diese Einstellung motiviert, positiv mit Ihren Kunden umzugehen, und ob diese Einstellung dazu beiträgt, erfolgreicher Beziehungsmanager zu werden. Überlegen Sie Alternativen hierzu, bilden Sie Glaubenssätze, die Ihren Kunden in den Mittelpunkt stellen, Überzeugungen, die es wert sind, Glaubenssätze, die Sie motivieren. Fragen Sie sich auch, ob Sie wirklich gerne verkaufen. Ist Verkaufen für Sie eine wertvolle Tätigkeit? Erzählen Sie allen Leuten voller Stolz, dass Sie Verkäufer sind?

Macht Ihnen Verkaufen Spaß?

Sind Sie stolz auf Ihre Verkaufstätigkeit?

Wenn nicht, prüfen Sie, ob diese Einstellung Sie hindert, ein erfolgreicher Beziehungsmanager im Verkauf zu sein und überlegen Sie Alternativen.

Überzeugungs-/Glaubenssätze sind nicht von Natur gegeben, sie werden geprägt durch unsere Sichtweise, die Summe unserer Erfahrungen und der daraus abgeleiteten Erkenntnisse. Das heißt, sie können verändert, ausgetauscht oder verbessert werden – es liegt an Ihnen. Es ist nicht immer notwendig, dass wir Glaubenssätze, die wir negativ sehen, austauschen, manchmal genügt es, sie zu erweitern.

Eigene Erfahrungen und die Erkenntnisse daraus bilden unsere Überzeugungen

Ein Teilnehmer aus einem unserer Seminare sagte mir einmal Folgendes: „Ich bin so, wie ich bin – und jeder muss mich so nehmen!" Nachdem wir mit dem Seminar zum Ende kamen – da wir im Intervall trainieren, nach ca. 1/4 Jahr – erzählte der Teilnehmer mir wieder von seiner Einstellung. Er hatte sie nicht abgelegt oder als negativen Überzeugungssatz verbannt, nein, er war bereit gewesen, diesen Glaubenssatz zu ändern bzw. zu erweitern, um den

**Verhaltens-
änderung
beginnt mit
Änderung
der
Einstellung**

Satz „Ich muss mich nicht so nehmen, wie ich bin, ich kann mich ändern, wenn ich will!" Allein durch diese Einstellung hat er nunmehr sich selbst die Möglichkeit eröffnet, etwas für sich und sein Verhalten zu tun, bzw. Änderungen, wenn er will, zuzulassen, was bedeutet, auch sein Verhalten zu ändern. Wenn Sie Verkäufer/in sind und einer Ihrer inneren Überzeugungs-/Glaubenssätze wäre „Verkaufen muss nun einmal sein", „es gibt bessere Tätigkeiten als Verkaufen", dann können Sie sich vorstellen, welche Auswirkung das auf Ihr Befinden und somit auf Ihr Verhalten hätte. Überlegen Sie, was Verkaufen für Sie wertvoll macht. Ändern – oder erweitern – Sie Ihre Glaubensgrundsätze. Wie bereits dargelegt, gibt es keine Realität, außer der, die Sie sich selbst schaffen. Und wenn es Ihnen schwerfällt, bessere Sätze zu finden, dann überlegen Sie an diesem Punkt etwas länger. Suchen Sie Lösungen. Es lohnt sich.

Ist es nicht interessant, wie doch kleine Sätze, an die wir glauben, unser Denken und Handeln positiv oder negativ beeinflussen können? Deshalb nennen wir diese hemmende oder fördernde Glaubenssätze. Nun stellt sich die Frage, wie man seine hemmenden Glaubenssätze herausfindet, oder noch besser – wie man sich fördernde schafft. Das heißt, prüfen Sie selbst, welcher Glaube Ihrem Handeln zugrunde liegt.

Übung:

Nehmen Sie sich etwas Zeit und wiederum Ihr persönliches Strategieheft zur Hand und notieren Sie mindestens 5 verschiedene Überzeugungs-/Glaubenssätze, die in der Vergangenheit Ihr Verkaufsgeschehen bestimmt haben. Denken Sie dabei auch an Ihre wichtigsten Werte. Nun prüfen Sie diese Glaubenssätze daraufhin, ob sie Ihr Verhalten hemmen oder fördern. Sollten sie Ihr Verhalten hemmen, suchen Sie nach Möglichkeiten, diese Glaubenssätze zu erweitern oder sie gegen fördernde auszutauschen.

Übung:

Listen Sie mindestens 5 positive Überzeugungs-/Glaubenssätze auf, die Ihnen dabei helfen können, Ihre wichtigsten Ziele – Verkaufsziele, Kundenziele, finanzielle Ziele, persönliche Ziele – zu erreichen.

Notieren Sie sich diese Glaubenssätze so, dass Sie diese täglich griffbereit haben, d. h. dass Sie sie täglich mindestens ein-, zwei- oder mehrmals lesen können. Schreiben Sie sich einen Zettel für Ihren Geldbeutel oder tragen Sie sich diese Sätze in Ihrem Zeitplanbuch ein, und lesen Sie sie regelmäßig nach, denn – Ihr Glaube an sich wird Ihre Zukunft bestimmen. Warum das so ist, lesen Sie jetzt.

Die Negativ-/Positiv-Spirale

„Wenn es einen Glauben gibt, der Berge versetzen kann, so ist es der Glaube an die eigene Kraft."

Marie von Ebner-Eschenbach

Ob Sie glauben, etwas zu können, oder glauben, es nicht zu können, Sie haben immer recht!

Wie wir soeben festgestellt haben, gibt es fördernde und hemmende Glaubenssätze. Manchmal gelingt uns alles, was wir anfassen, wir befinden uns in einem richtigen Aufwind. Aber es gibt auch Tage, da läuft nichts, und je mehr wir agieren, desto schlimmer wird die Situation. Wir befinden uns in einer Negativ-Spirale. Wenn alles gut läuft, brauchen wir auch nichts zu tun. Schwieriger wird es, wenn wir uns auf dem Weg nach unten, also in der Negativ-Spirale befinden. Wie schaffen wir den Sprung hinauf?

Förderdende Glaubenssätze   **+**

Hemmende Glaubenssätze   **–**

Glauben Sie an das, was Sie tun!

Es hängt mit unseren Glaubenssätzen und unserer Einstellung zusammen. Wenn wir glauben, dass etwas gut läuft, werden wir notwendiges Potenzial und Energie freisetzen. Unser Handeln wird sich danach richten und das Ergebnis positiv beeinflussen. Wenn Sie z. B. daran glauben, dass Verkaufen schwierig ist und Sie es schwer oder gar nicht erlernen können, geben Sie Ihren Gedanken den dafür notwendigen Anstoß. Sie befinden sich damit bereits in einer vorbestimmten Problemerwartung. Wieviel Ihres Potenzials und Ihrer Energie werden Sie nun dafür einsetzen, um Verkaufen professionell zu erlernen? Wahrscheinlich nicht allzu viel. Sie haben Ihrem Gehirn bereits vorgegeben, dass es nicht geht. Aus dieser Bestimmung heraus handeln Sie nun. Aber wie werden Sie handeln? Aktiv, zielstrebig, zuversichtlich? Wahrscheinlich nicht, eher umgekehrt. Wenn Sie bereits überzeugt sind, dass etwas nicht funktioniert, warum sich dann erst anstrengen? Und welche Ergebnisse werden Sie wohl erzielen? Mit großer Wahrscheinlichkeit nur äußerst unbefriedigende, welche wiederum Ihren negativen Glauben nur noch verstärken, und die negative Spirale hat begonnen. Misserfolge ziehen weitere Misserfolge nach. Menschen, die so von Misserfolgen geprägt sind, haben oft sehr lange keine positiven Erfahrungen mehr herbeigeführt. Sie tun wenig oder gar nichts mehr, um ihre positiven Potenziale zu nutzen, sie versuchen, ihr Leben so passiv wie möglich einzurichten. Nach dem Motto: „Wenn ich weniger Kunden anspreche, bekomme ich weniger Absagen." Dieses Verhalten führt natürlich zu weiteren negativen Erlebnissen, und die Spirale dreht sich und dreht sich. Wenn Sie Verkaufen nicht nur als Schwierigkeit ansehen, sondern darüber hinaus davon ausgehen, dass Ihr Produkt zu teuer ist und/oder dass Ihre Kunden wählerisch und „ausgekocht" sind, dann können Sie sich vorstellen, wie sich diese Spirale schneller und schneller dreht. Doch Sie können die Dinge auch anders sehen. Schließlich ist alles nur „Kopfkino". Sie sehen das, was Sie sehen wollen. Es ist allein Ihre Entscheidung.

Wer gut „drauf" ist, hat Erfolg. Wer Erfolg hat, ist gut „drauf"!

Lassen Sie uns dies doch einmal von der anderen Seite betrachten. Bleiben wir bei dem Beispiel aus dem vorigen Kapitel, worin ich meinen Entschluss schilderte, anderen Menschen zu helfen, um damit mein Geld zu verdienen. Auch hier begann es mit einem

Glaubenssatz, ging aber bei weitem darüber hinaus: die ganze Einstellung, etwas Erfolgversprechendes anzupacken, war der Motor meines Handelns. Ich glaubte zutiefst daran, dass ich es schaffen würde, ein erfolgreiches Training zu entwickeln. Ein Training, das Spaß macht und Menschen weiterhilft. Ein Training, das Menschen aktiv in den Lernprozess einbezieht. Ich glaubte vom ersten Tag an, dass ich in einigen Jahren eigene Trainer ausbilden würde, die mein Training durchführen würden, und ich wusste bereits beim Start des Unternehmens, dass ich die gewonnenen Kenntnisse in einem Buch zusammenfassen würde. All das war von Anfang an meine Überzeugung. Das Bild, das ich im Kopf entwickelt hatte, war so stark, dass es mich nie wieder losließ und ich glaube, mich auch künftig nicht wieder loslassen wird. Der Glaube daran, ein Ziel erreichen zu können und die positive Einstellung dazu, waren der Antrieb meines zukünftigen Handelns. Mit dieser Einstellung war es mir möglich, alle meine Potenziale zu aktivieren. Natürlich gab es auch Zeiten, in denen manches nicht recht lief und ich deprimiert war, aber es kamen auch solche, in denen ich einfach über mich hinauswuchs. Die freigesetzten Potenziale gaben mir so viel Kraft zum Handeln, dass ich das mir gesteckte Ziel nach nur 6 Jahren erreicht hatte – oder, genauer gesagt: Ich hatte noch mehr erreicht als erwartet. In dieser Zeit entwickelte ich für INtem drei erfolgreiche Trainingskonzepte und habe bis heute bereits knapp 100 Trainer ausgebildet. 1994 wurde das INtem-Training „Sicher und erfolgreich verkaufen" mit dem Deutschen Trainingspreis des Bundes Deutscher Verkaufsförderer und Trainer für eine erfolgreich durchgeführte Trainingsmaßnahme mit der Bayerischen Hypotheken- und Wechselbank AG Mannheim in Gold (und seither noch weitere fünf Male) ausgezeichnet. Und, wie Sie lesen können, ist der Wunsch, alles in einem Buch festzuhalten und die Erfahrungen weiterzugeben, nun schon in Erfüllung gegangen. Dies alles konnte nur deshalb gelingen, weil ich sowohl die richtigen Glaubenssätze als auch die richtige Einstellung als Voraussetzung in mir aktiviert hatte, denn meine Absicht lag nicht allein darin, etwas Neues anzufangen, erfolgreich zu sein und mehr Geld zu verdienen, nein, ich glaubte unabdingbar an diesen Erfolg und mein ganzes Herzblut floss in diese Aufgabe. Auf diese Weise wurden die Potenziale und Ressourcen freige-

Führen Sie sich detailliert vor Augen, was Sie erreichen wollen

Glauben Sie fest an Ihren Erfolg!

setzt, die notwendig waren um ein aktives, zielgerichtetes Handeln zu ermöglichen. Ich habe immer wieder sensibel und aufmerksam das Feedback wahrgenommen und so oft wie nötig den Kurs korrigiert, um diese positiven Ergebnisse zu erreichen.

Das Einklinken in die Positiv-Spirale unterliegt diesen Grundregeln. Ich gehe einfach einmal davon aus, dass auch Sie

1. eine neue Aufgabe mit hoher Erwartung beginnen, mit Herzblut und einem unbeirrbaren Erfolgsgedanken. Nehmen wir an, Sie sind sich absolut sicher, dass Sie mit dem, was Sie sich vorstellen, Erfolg haben werden. Wenn Sie mit dieser Einstellung nunmehr ans Werk gehen,
2. wieviele Ihrer Potenziale und Ressourcen werden Sie dann freisetzen? Wahrscheinlich einen sehr großen Teil. Werden Sie nun halbherzig oder zögernd an die Sache herangehen? Mit Sicherheit nicht. Sie werden
3. voller Energie und mit Power Ihre Aufgabe beginnen. Sie werden gespannt und neugierig auf das Ergebnis sein. Sie werden alles Mögliche tun, um Ihre Ziele zu erreichen – und
4. welche Ergebnisse werden Sie bei so viel Engagement voraussichtlich erzielen? Ich denke, ziemlich gute.

Erfolg zieht Erfolg nach sich!

All das wirkt sich auf das aus, was Sie glauben. Das heißt, Erfolg zieht Erfolg nach sich. Sie werden auch in Zukunft daran glauben, Großes erreichen zu können. Sie sind in der Positiv-Spirale. Ihr Erfolg wird Ihnen weitere Erfolge bringen. Und jeder neue Erfolg wird Sie in Ihrem Glauben bestärken und zu noch größeren Aufgaben ermutigen.

Übung:

Klinken Sie sich in die Positiv-Spirale ein. Notieren Sie in Ihrem persönlichen Strategieheft Ihre Verkaufsaufgabe oder Ihr Verkaufsprodukt/Dienstleistung. Notieren Sie alles, was Ihrer Überzeugung nach Erfolg verspricht. Was macht Sie so sicher? Worauf sind Sie stolz? Wer kann Sie unterstützen? Welchen Nutzen ziehen Sie und andere daraus? Notieren Sie alles, was Ihnen zur Erreichung

Ihres Zieles hilfreich sein kann.

Prüfen Sie dann, wieviele und welche

— Energien, Potenziale, Ressourcen

Sie hierfür aktivieren können und wie Ihr

— Handeln und Tun

aussehen werden. Was Sie konkret umsetzen und welche

— Ergebnisse
— Resultate

Sie erzielen werden.

Fühlen Sie die innere Kraft, die Sie bei sich selbst freisetzen und beginnen Sie sofort mit der Umsetzung. Fangen Sie jetzt an.

Natürlich sind Ihre Einstellung und Ihr Glaube an den Erfolg keine Garantie dafür, dass Sie von nun an nur noch Erfolg haben werden. Alle positiven Glaubenssätze und motivierende Einstellung schaffen es nicht, ungetrübten Erfolg auf Dauer zu garantieren. Das wäre eine Illusion. Doch Menschen mit fördernden Glaubenssätzen und positiver Einstellung haben immer wieder von Neuem begonnen. Sie haben immer wieder genügend Potenziale und Ressourcen freigesetzt, um schließlich zum Erfolg zu gelangen. Auch solche Menschen erleiden Rückschläge, aber sie lassen sich durch diese nicht entmutigen, sondern sehen sie als Herausforderung, neue Erfolge zu erzielen. Diese Menschen sind nicht auf Probleme fixiert, sie haben ihr Augenmerk auf ihre Ziele gerichtet.

Sehen Sie Rückschläge als Herausforderung

Es ist also nicht eine Frage der Aufgabe, es beginnt mit Ihrem Glauben und Ihrer Einstellung zu dem, was Sie tun. Hier nochmals die Stufen dieses Erfolgskreislaufes:

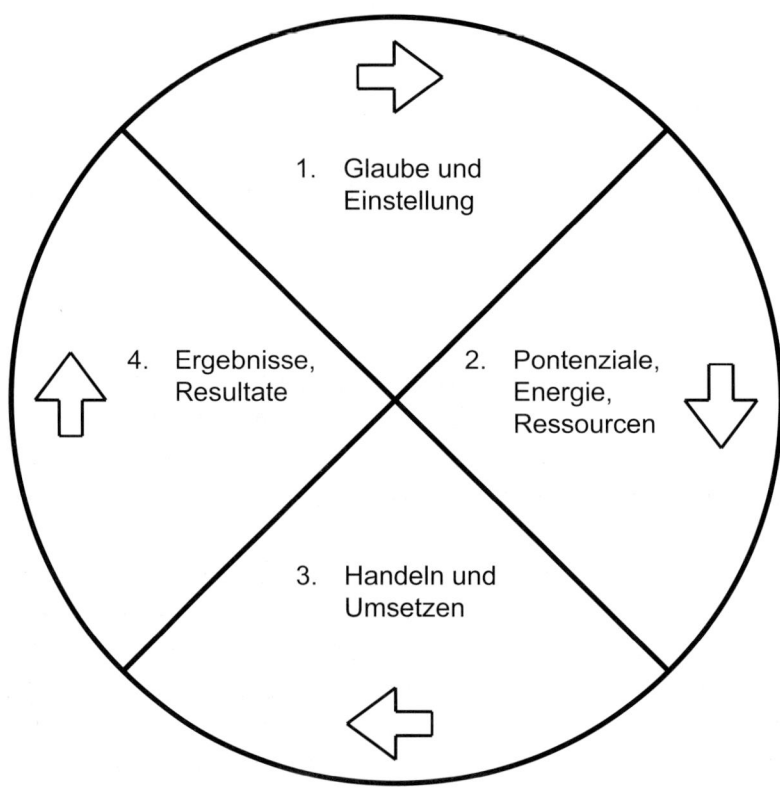

Abb. 2: Stufen des Erfolgskreislaufs

Was möchten Sie in Ihrem Leben wirklich erreichen?

Wie Sie an diesem Beispiel sehen, lohnt es sich, seine Glaubenssätze immer wieder zu überdenken, um sie in eine positive Erfolgsspirale zu lenken. Hierzu nun einige Tipps. Prüfen Sie das, woran Sie glauben, indem Sie sich folgende Fragen stellen und diese mit positiven Werten und Glaubenssätzen beantworten.

— Was ist mir wichtig?
— Welche Werte vertrete ich?
— Was will ich auf dieser Welt?
— Was macht mir Spaß?

— Wo, wann und wie fühle ich mich wohl?
— Wie sehe ich mich?
— Was will ich im Leben erreichen (materiell/immateriell)?
— Welche Erinnerungen an mich sollen einmal zurückbleiben?
— Was motiviert mich?
— Was aktiviert/reizt mich?
— Will ich das, was ich tue? Tue ich das, was ich will?

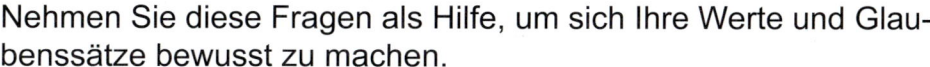

Nehmen Sie diese Fragen als Hilfe, um sich Ihre Werte und Glaubenssätze bewusst zu machen.

Übung:

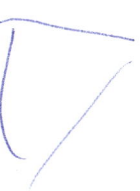

Nehmen Sie sich Zeit und notieren Sie Ihre Gedanken in Ihrem persönlichen Strategieheft. Formulieren Sie die Antworten als positive Werte und Glaubenssätze, die Ihnen helfen sollen, den von Ihnen gewünschten Erfolg zu erreichen.

Nicht immer gibt es nur motivierende und fördernde Glaubenssätze, es kann durchaus sein, dass sich im Laufe Ihres Lebens aufgrund Ihrer Erfahrungen und Ihrer daraus abgeleiteten Erkenntnisse eine Anzahl hemmender Glaubenssätze in Ihnen aufgebaut hat. Prüfen Sie diese ganz speziell mit Hilfe der vorigen Fragen und formulieren Sie sie positiv um. Glauben Sie daran, dass Sie das, was Sie sich vorgenommen haben, auch erreichen können. Glaube versetzt Berge. Sie werden so handeln, wie Sie glauben.

Nutzen Sie auch Ihre negativen Erfahrungen!

Was Sie tun können, um Erfolg zu haben

Ich möchte Ihnen hier die Geschichte von 2 Menschen beschreiben, die fest an sich glaubten und das, was sie sich vorgenommen hatten, auch erreichten. Die erste Geschichte handelt von einem Mann namens Dagobert Rench. Er ist Besitzer einer Burg in der Pfalz, in welcher ich ein Seminar veranstalten wollte. Ich besprach den Ablauf mit seiner Frau Anita und schaute mir Zimmer und Seminarräume an. Es war eine wunderbare Burg, von der Zinne bis zum Aussichtsturm, von der Kammer bis zum Rittersaal – alles war vorhanden. Während ich die Burg bewunderte, erkundigte ich mich nach ihrer Entstehungszeit. Frau Rench lächelte mich an und sagte: „1983 stand auf diesem Hügel überhaupt noch nichts!" Auf meine verdutzte Frage, woher die Burg denn käme, antwortete sie mir, dass diese Burg von ihrem Mann und seinem Freund in 9-jähriger Arbeit selbst aufgebaut wurde. Sie erklärte mir, dass ihr Mann sich schon als kleiner Junge eine Burg wünschte und früher an der See schon immer Sandburgen gebaut hätte. Ihr Mann glaubte fest daran, dass er selbst einmal eine echte Burg besitzen würde. Somit hat er sein Potenzial voll und ganz darauf ausgerichtet und aktiviert, um alles daranzusetzen, sich diesen Wunsch auch zu er-

Der Glaube versetzt nicht nur Berge, sondern baut auch Burgen

füllen. Herr Rench hat während der Bauzeit nicht etwa seinen Beruf aufgegeben, sondern arbeitete nach wie vor in einem großen Unternehmen als leitender Angestellter – und dennoch: Er hat sich diesen Wunschtraum erfüllt, weil er daran glaubte, ihn erreichen zu können. Hier hat der Glaube keine Berge versetzt, sondern eine Burg auf den Berg gesetzt. Die Burg liegt, wie gesagt, in der Pfalz und heißt „Turmhotel Restaurant Auf dem Potzberg". Wie Sie sehen, ging auch hier der aktiven Handlung der positive und starke Glaube voraus, dies erreichen zu können.

Einen anderen bewundernswerten Mann habe ich in Heidelberg kennengelernt. Während meiner Immobilienzeit sollte ich wieder einmal eine Wohnung verkaufen. Sie lag im Ortsteil Emmertsgrund. Als ich mir die Wohnung anschaute, zeigte mir der Besitzer, Herr Kaufmann, alle Details und erklärte mir, was er selbst gebaut habe, wie er die Holzdecke eingezogen und andere Verschönerungen vorgenommen hatte. Erst, als wir beim weiteren Gespräch am Tisch saßen, bemerkte ich, dass Herr Kaufmann blind ist. Herr Kaufmann glaubte daran, alles das, was er wollte, auch tun zu können, was er mir in einer überzeugenden Darstellung auch demonstriert hatte. Doch das ist noch nicht alles. Als ich einige Zeit später die Heidelberger Zeitung las, sah ich Herrn Kaufmann dort abgebildet. Der Artikel war überschrieben: „Blinder Heidelberger von Marathon-Tour zum Nordkap glücklich zurückgekehrt." Sie haben richtig gelesen! Er war ausgezogen, um das Nordkap zu erobern! Er war als einsamer Globetrotter 109 Tage unterwegs und hat per pedes insgesamt 3.200 km in Wind und Wetter, glühender Sonne und gewaltigem Sturm zurückgelegt, täglich etwa 40 km. Er ging in eine Welt, die er nur vom Hörensagen kannte. Nette und freundliche Menschen gaben ihm Orientierungshilfe, wenn er sich einmal verirrt hatte. Er hatte sich bereits zu Hause eine Tonkassette besprochen, auf der er wichtige Informationen über die Topographie einzelner Gebiete gespeichert hatte. Nur damit ausgestattet und mit seinem festen Glauben, es zu schaffen, wagte er das Abenteuer zum Polarkreis. Zurückgekehrt, erklärte er begeistert, dass er diese Erfahrungen gerne jederzeit wiederholen würde. Sicher eine unglaubliche Leistung, die viel Mut und Willenskraft erforderte. Doch am Anfang stand der Glaube, es zu schaffen.

Sicher gibt es viele andere Beispiele dieser Art. Die Welt ist voll von Beispielen, wie Leute aufgrund ihrer Einstellung und ihrer Glaubenssätze erfolgreich wurden. Und dies gelingt nicht nur bei großen Leistungen, wie der Burg oder dem Gang zum Nordpol.

Nutzen auch Sie Ihre Glaubenssätze und die Macht Ihrer Einstellung, um alle Ressourcen, Energien und Potenziale zu aktivieren, damit Sie die von Ihnen gesteckten Ziele auch erreichen. Insbesondere denke ich an Ziele, die Sie täglich in Ihrem Betrieb vor Augen haben und die Sie kontinuierlich erfüllen müssen, beispielsweise Verkaufsziele. Glaubenssätze, das, was wir über etwas denken, bestimmen unser ganzes Leben. Wenn ich glaube (das bedeutet, fest überzeugt sein), dass ein bestimmter Kunde nicht kauft, wie wirkt sich dies auf mein Verhalten ihm gegenüber aus? Viele von uns werden entmutigt, bei anderen wiederum lautet der wichtigste Glaubens-/Überzeugungssatz: „Und jetzt erst recht!"

Unsere Gedanken bestimmen unser ganzes Leben

Hierzu eine kleine Anekdote. Die Firma Reich GmbH, eine verkaufsaktive Firma, bildet regelmäßig Azubis aus. Da diese später im Verkauf tätig sein sollen, hat sich der Personalchef, gleichzeitig auch Verkaufsleiter, für neue Azubis eine kleine Bewährungsprobe ausgedacht. Jeder Neue muss zu Beginn seiner Ausbildung zum Einkäufer der Firma Nett & Co. Dort soll er seinen ersten Auftrag schreiben. Es ist allgemein bekannt, dass der Einkäufer dieser Firma ein harter Brocken ist. Er kämpft um jeden Cent und macht jedem Verkäufer das Leben schwer. Das geht mitunter so weit, dass er absolut keine Bestellung aufgibt. Doch wenn ein Verkäufer hartnäckig genug am Ball bleibt, hat er es bisher immer geschafft, am Ende eines langen, zähen Gespräches dennoch einen Auftrag zu erhalten. Dieser Probe musste sich auch der diesjährige Azubi, Herr Neuling, unterziehen. Der Verkaufsleiter Herr Pfiffig erklärte ihm genau, was er zu tun habe. Er solle zur Fa. Nett gehen und dort einen Auftrag schreiben. Herr Pfiffig erzählte ihm ausführlich von den Schwierigkeiten, die ihn erwarten würden, aber er unter-

strich auch voller Überzeugung – ganz gleich, was auch immer passiere, wie schwer auch die Verhandlungen würden, am Ende unterschriebe der Einkäufer der Fa. Nett immer. Und er fügte hinzu, dass solch eine positive Erfahrung gut für das spätere Verkaufsleben wäre. Also zog unser Herr Neuling los, um das ihm Aufgetragene zu erledigen. Es dauerte mehr als 2 Stunden, bis er freudestrahlend zu seinem Personalchef zurückkam und verkündete: „Herr Pfiffig, wie Sie gesagt haben, es hat alles funktioniert, ich habe einen Auftrag geschrieben." „Prima", sagte Herr Pfiffig, „siehst Du, ich wusste es ja, auch wenn es schwer wird, Du würdest es schaffen, denn der Einkäufer der Firma Nett hat letzten Endes immer bei uns gekauft." „O" erwiderte der Azubi, „dann habe ich etwas falsch verstanden. Ich war nicht bei der Firma Nett, ich war bei der Firma Böse & Co." Der Verkaufsleiter wurde ganz blass: „Was, bei der Fa. Böse & Co? Die haben bei uns noch nie gekauft. Wir verhandeln zwar immer, und die stehlen uns unsere Zeit, aber noch nie haben wir für die einen Auftrag ausgeführt." In Anbetracht dieses Fehlers wurde der Auszubildende Herr Neuling ebenfalls blass im Gesicht und stammelte: „Entschuldigung Chef, da habe ich leider einen Fehler gemacht. Was machen wir nun? Denn hier habe ich den Auftrag des Einkäufers der Firma Böse. Ich habe genau das getan, was Sie sagten, ich habe verhandelt und verhandelt, und am Ende hat er mir den Auftrag unterschrieben. Es tut mir leid, ich wusste nicht, dass die nicht bei uns kaufen."

Sie sehen – kleine Ursache, große Wirkung. Der Glaube versetzt Berge, deshalb glauben Sie an Ihren Verkaufserfolg.

Glauben Sie an Ihre Verkaufserfolge und Ihre Fähigkeiten

Lassen Sie uns einmal die Nützlichkeit von fördernden Überzeugungs-/Glaubenssätzen betrachten. Fördernde Glaubenssätze sind einfache, motivierende Überzeugungssätze, die Sie Ihrem Ziel näherbringen. Und das Großartige: Wir können unsere Glaubens-/Überzeugungssätze innerhalb von Sekunden verändern. Wir können es nicht nur, wir praktizieren es permanent. Wie finden Sie hilfreiche Glaubenssätze? Um sich dies bewusst zu machen, führen Sie bitte folgende Übung durch:

Übung:

Nehmen Sie Ihr persönliches Strategieheft und notieren Sie in Stichworten drei Ihrer bisherigen Verkaufserfolge, auf die Sie stolz sind. Wenn Sie nicht im Verkauf tätig sind, sondern im Service oder anderen Bereichen, schreiben Sie einfach drei Ihrer Erfolge auf, die Sie im Umgang mit Menschen – Kollegen oder Kunden – erzielt haben. Was Sie jetzt notiert haben, ist die Auswirkung eines Vorgangs, bei dem Sie Ihre inneren Stärken, Ihre Potenziale eingebracht haben. Im nächsten Schritt notieren Sie die Stärken, von denen Sie glauben, dass sie für diese Erfolge wichtig waren. Stärken, die Sie besitzen und eingesetzt haben, um jene Erfolge zu erzielen. Schauen Sie sich die Ursachen Ihrer Erfolge an, sie sind Ihre ganz persönlichen Stärken, nicht „die Umstände" und nicht das „Wohlwollen" anderer. Notieren Sie zu jedem Erfolg mindestens drei Ihrer eigenen Stärken. Hören Sie nicht auf, bevor Sie nicht mindestens jeweils drei dieser Stärken gefunden haben. Vielleicht stellen Sie fest, dass bei manchen dieser Erfolge einige Ihrer Stärken wiederkehrend beteiligt waren. Notieren Sie diese dennoch. Lesen Sie nun Ihre Liste nochmals durch und beobachten Sie, wie Sie sich dabei fühlen.

Stärken sind in Ihnen verankert, sie stehen Ihnen jederzeit zur Verfügung, sie können Sie jederzeit aktivieren. Oftmals sind diese Stärken jedoch unbewusst abgelegt und wir nutzen Sie nicht genügend. Natürlich sollten Sie auch Ihre Schwächen kennen, um diese zu Stärken umzufunktionieren. Teilnehmer berichten mir immer wieder, dass sie total auf ihre Schwächen fixiert sind, um sie zu korrigieren. Dabei ist es so einfach und so motivierend, sich auch einmal die eigenen Stärken bewusst zu machen.

Übung:

Formulieren Sie jetzt weitere fördernde Glaubenssätze. Nutzen Sie dazu das Potenzial Ihrer Stärken aus. Binden Sie Ihre Stärken in Ihre fördernden Glaubensgrundsätze mit ein.

Beispiel:

Einer meiner Erfolge bestand darin, das INtem-Training zu entwickeln (Wirkung). Eine meiner Stärken war, mit Menschen umzugehen, sie motivieren zu können usw. (Ursache). Daraus entwickelte ich folgende Glaubenssätze:

— Mit Menschen richtig umzugehen, sie ernst zu nehmen und für sie da zu sein bedeutet für mich, Erfolg zu haben.
— Ich glaube, dass ich Menschen motivieren kann, indem ich kein Lehrer mit erhobenem Zeigefinger bin, sondern wie ein Feuerstein so lange Funken versprühe, bis andere brennen.

Motivieren Sie sich, indem Sie sich Ihre persönlichen Stärken bewusst machen

Warum ist es gut, mit solchen fördernden Glaubensgrundsätzen und Ihren Stärken zu arbeiten? Sie dienen dazu, abgespeicherte positive Erfahrungen zu Ihrer eigenen Motivation in Ihnen wieder zu wecken, d. h. wieder aufzurufen. Was mir an dieser Motivationsübung besonders gut gefällt, ist die Tatsache, dass Sie nicht durch äußere Einflüsse motiviert werden, sondern aus Ihren eigenen Erfahrungen, aus den bei Ihnen angesammelten Erfahrungswerten, schöpfen können. Sie können sich damit in einen guten, positiven Zustand versetzen. Das fällt Ihnen ganz leicht, indem Sie diese Stärken wieder und wieder aufrufen.

Sobald Sie Ihre Stärken festgestellt haben, gibt es viele Möglichkeiten, diese zur Motivation und zum erfolgreichen Arbeiten einzusetzen, indem Sie sich selbst eine eigene kleine Motivationsrede schreiben. Ergänzen Sie einfach folgenden Anfang Ihres Motivationssatzes: „Ich werde heute erfolgreich sein, weil ich ..." mit Ihren Stärken. Benutzen Sie hier die Stärken, die Sie in der vorigen Übung herausgearbeitet haben. Nehmen Sie diesen Satz dann, um sich täglich zu motivieren. Lesen Sie ebenso Ihre Glaubenssätze und denken Sie sich zusätzlich Ihre Stärken zur Motivation. All dies wirkt auf Sie positiv über Ihr Unterbewusstsein und wird Sie in einen guten, schöpferischen Zustand versetzen, so dass Sie sich dementsprechend auch aktiv verhalten werden. Der Glaube an sich selbst und Ihre bewusst gemachten Stärken werden Ihnen helfen, ein hervorragender Beziehungsmanager zu sein, nicht nur, um Ihr Beziehungsmanagement erfolgreich zu handhaben, sondern auch, um schwierige Situationen erfolgreich meistern zu können. Prüfen Sie nun, wie Sie die erkannten Potenziale in Zukunft gezielt nutzen können.

Mein Motivationssatz: „Ich werde heute erfolgreich sein, weil .."

Wie Sie in die Zukunft schauen können

Sie haben sich erarbeitet, wie Glaubensgrundsätze und Stärken Ihre Zukunft positiv beeinflussen können. Versuchen Sie nun einmal in der Praxis, eine ganz konkrete Situation mit Hilfe Ihrer gewonnenen Erkenntnisse anzugehen.

Übung:

Erstellen Sie sich ein Verpflichtungsblatt, wie Sie es auf der nächsten Seite sehen, und probieren Sie aus, wie erfolgreich Sie mit Ihren Stärken und Glaubenssätzen schwierige Situationen meistern können. Wenn Sie Ihr Verpflichtungsblatt ausgefüllt haben, machen Sie sich alles bisher Gelesene noch einmal bewusst, bevor Sie die schwierige Situation angehen.

Aktivieren Sie Ihre Stärken ganz bewusst, seien Sie aktiver Beziehungsmanager, wobei Sie mit Ihrer Einstellung, Ihrem Denken, Ihren Glaubensgrundsätzen und Ihren Stärken die Situation erfolgreich meistern. Also, handeln sie nach dem Motto „Packen wir´s an".

Entwickeln Sie Ihre Strategie und „packen Sie es gleich an"

Probieren Sie es in einer konkreten Situation aus. Wenn Sie diese erfolgreich gemeistert haben, werden Sie ähnliche Situationen nach demselben Rezept immer wieder erfolgreich meistern können. Sollte es wider Erwarten nicht gelingen, eine Situation erfolgreich zu handhaben, überprüfen Sie nochmals Ihre eingesetzten Stärken und Glaubenssätze. Machen Sie sich all Ihre Werte und Erfolgserlebnisse in diesem Bereich bewusst. Bedenken Sie, es ist nur eine der Möglichkeiten, Erfolg zu haben.

In diesem Buch werden Sie noch weitere Möglichkeiten kennenlernen, wie Sie mit sich selbst und anderen erfolgreich umgehen können, wie Sie erfolgreicher Manager von Beziehungen werden.

Verpflichtungsblatt

1. Eine schwierige Situation bzw. ein schwieriges
   Verkaufsgespräch in der nächsten Zeit:

   _____

   _____

   _____

   _____

2. Welche meiner Stärken und Fähigkeiten kann ich einsetzen,
   um diese Situation (Verkaufsgespräch) zu meistern?

   _____

   _____

   _____

   _____

3. Wo habe ich diese Stärken in der Vergangenheit schon
   einmal erfolgreich eingesetzt?

   _____

   _____

   _____

   _____

4. Setzen Sie die von Ihnen erkannten und bewährten
   Stärken und Fähigkeiten bewusst ein, um Ihr(e) oben
   aufgeführte(s) Situation/Verkaufsgespräch erfolgreich
   meistern zu können.

   Ich werde diese Situation konkret in Angriff nehmen am:

   _____

   _____

Langzeiterfolg durch motivierende Glaubenssätze und Wertevorstellungen

Schwierigkeiten gibt es immer. Wichtig ist, wie Sie damit umgehen.

Als ich mich entschlossen hatte, Trainer bzw. Seminarleiter zu werden, habe auch ich mir zuerst meine Glaubenssätze und meine Stärken bewusst gemacht. Dies allein reichte bereits aus, um meine Arbeit mit viel Schwung und Motivation positiv zu beginnen – aber, über einen längeren Zeitraum gibt es in allen Berufen und Bereichen kleinere und größere Schwierigkeiten. Wenn der erste Schwung nach einiger Zeit aufgebraucht ist sowie Herausforderungen und neue Probleme auf einen zukommen, ist es sicher gut, wenn man weiß, wie man seine Stärken und seine Glaubenssätze zur kurzfristigen Motivation einsetzen kann. Oftmals reicht dies aber nicht aus, wenn man eine langfristige Konzeption verfolgt, die möglicherweise einige Jahre dauert, bis sie erfolgreich wird. Ganz gleich, in welchem Bereich Sie arbeiten. Wenn Sie vom Verkäufer zum Verkaufsleiter bzw. vom Durchschnittsverkäufer zum Spitzenverkäufer werden wollen, kann dies ein langer Weg werden, der sowohl Engagement, lange Ausbildung, ein hohes Maß an Fachwissen und womöglich einige Prüfungen erfordert. Wie kann man die kurzfristige Motivation durch Stärken und Glaubenssätze so einsetzen, dass sie auch langfristig wirksam ist? Dies ist möglich, indem Sie sich eine eigene, persönliche Glaubens-/Überzeugungsrede schreiben. Glaubenssätze, die mit Ihrer Wertvorstellung verbunden sind, in einen für Sie wichtigen, positiven Kontext bringen. Vor jeder meiner größeren Aufgaben, wie auch damals, als ich mich für die Trainertätigkeit entschied, habe ich mir meine Glaubensrede geschrieben. Jeder unserer neuen Trainer schreibt im Rahmen der Ausbildung seine Glaubensrede, um seine Langzeitziele zu festigen und mit wertvollem Glauben zu untermauern. Wie funktioniert das? Was bringt Ihnen eine Überzeugungsrede?

Viele Menschen glauben an die Worte der Bibel. Sie helfen ihnen bei den Gedanken um den Sinn ihres Handelns. Sie sind von den Glaubensregeln, die dort niedergeschrieben sind, fest überzeugt und handeln danach, was ihnen ihr Leben lang immer wieder neue Kraft gibt. Unsere Glaubensrede hat nichts mit der Bibel zu tun, sondern mit dem, was wir persönlich glauben, die Wirkung ist jedoch die gleiche.

Große Ziele erfordern einen starken Glauben

Nutzen auch Sie diese Chance als Verkäufer und Beziehungsmanager, um sich für große Ziele eine langfristige Glaubens- bzw. Überzeugungsrede selbst zu erarbeiten. Wie kann Ihre persönliche Rede aussehen?

Übung:

Schlagen Sie ein leeres Blatt in Ihrem persönlichen Strategieheft auf und überlegen Sie sich Antworten zu den nachfolgenden Fragen, notieren Sie diese und formulieren Sie daraus Ihre persönliche Überzeugungsrede:

— Was und wie will ich werden?
— Was ist mein Ziel?
— Was sind die Stärken in meinem Leben?
— Was erwarte ich von meinem Handeln?
— Was ist mir wichtig daran?
— Was muss passieren, damit ich das Gefühl habe, es erreichen zu können?
— Was werde ich konkret dafür tun?

Dann fragen Sie sich:

— Wie will ich werden?
— Wie werde ich meine Vorstellungen umsetzen?

Ein Satz, der mir als Trainer im Umgang mit Menschen immer wieder hilft, mich auch in manchmal schwierigen Seminarsituationen zu motivieren und doch nicht den erhobenen Finger zu zeigen, ist eine Aussage aus meiner Glaubensrede, die Sie schon kennen: „Ich möchte kein Lehrer, sondern ein ‚Zünder' sein, der ein Flämmchen bei anderen entfacht." Fragen Sie sich außerdem:

— Was bringt es mir?
— Was nutzt es mir?

Erstellen Sie nun aus Antworten auf diese Fragen und aus Antworten auf sonstige Fragen, die für Sie wichtig sind, Ihre persönliche Überzeugungsrede. Schreiben Sie diese nieder, lesen und wiederholen Sie sie so oft wie möglich. Nutzen Sie die motivierende Kraft Ihres Glaubens auf Ihrem Weg zum Erfolg.

Kurz zusammengefasst:

— Realität ist das, was Sie sich selbst schaffen. Erschaffen Sie sich „Ihre lebenswerte" Welt.
— Erstellen Sie sich eine Liste Ihrer positiven Werte und motivierenden Glaubenssätze. Lesen Sie diese täglich.
— Glauben Sie an Ihren Erfolg. Klinken Sie sich mit Engagement und voller Energie in die „Positiv-Spirale" ein.
— Aktivieren Sie alle Ihre Potenziale durch Ihren Glauben an sich, die richtige Einstellung und entschlossenes Handeln.
— Machen Sie sich Ihre Stärken bewusst.
— Setzen Sie diese Stärken ein, um auch schwierige Situationen zu meistern.
— Schreiben Sie Ihre eigene Motivationsrede und lesen Sie diese regelmäßig.
— Erstellen Sie sich Ihre persönliche Motivations- und Glaubensrede und handeln Sie danach.

Meine wichtigsten Erkenntnisse:

_____

_____

_____

_____

_____

_____

_____

So setze ich das Gelesene konkret in die Praxis um:

_____

_____

_____

_____

_____

_____

_____

Kapitel 2: Die Spielregeln des Erfolgs

Erfolg ist ein Puzzle aus vielen kleinen Teilen

Erfolg hat seine eigenen Spielregeln. Je mehr Ihnen bekannt sind und je besser Sie diese beherrschen, umso leichter wird es Ihnen gelingen, erfolgreich zu sein. Erfolg haben bedeutet nicht nur, Geld besitzen oder eine Position in einem Unternehmen erreichen, Erfolg ist das Ergebnis Ihrer Einstellung und Ihrer Werte. Er ist das, woran Sie glauben. Erfolgreich zu sein ist wie ein Puzzlespiel. Viele „Teilchen" sind dafür notwendig, Teile, die zueinander passen. Der Erfolgsweg beginnt damit, dass Sie Ihre Ziele finden und diese formulieren, und führt in die richtige Richtung, wenn Sie engagiert danach handeln. Besonders wichtig ist, das dadurch erhaltene Feedback zu erkennen und flexibel genug zu sein, um das daraus resultierende Verhalten so oft wie nötig zu korrigieren, bis sich der gewünschte Erfolg einstellt. Bevor wir uns diese Regeln nun im Einzelnen betrachten, hier die 4 Erfolgsfelder nochmals im Überblick:

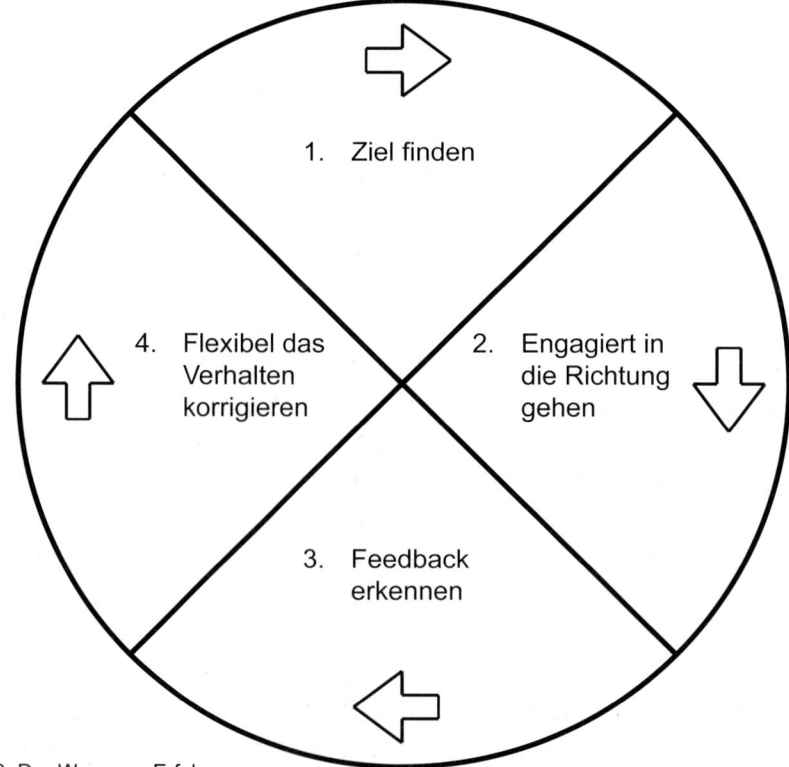

Abb. 3: Der Weg zum Erfolg

Lassen Sie uns nun gemeinsam die, wie ich glaube, wichtigsten fördernden Erfolgsgrundsätze anschauen: Es sind sieben Grundsätze, für die ich mich aus eigener Erfahrung entschieden habe. Sicherlich stellen diese keine abschließende Aufzählung dar – sollten für Sie noch andere Erfolgsgrundsätze von Bedeutung sein, nehmen Sie sie in Ihre eigene Aufzählung auf.

Hier die 7 Erfolgsgrundsätze im Überblick:

1. Haben Sie den Mut, etwas auszuprobieren!
2. Arbeiten Sie mit Spaß und Engagement bei Ihrer Verkaufstätigkeit.
3. Übernehmen Sie die volle Verantwortung für Ihren Verkaufserfolg.
4. Wie Sie sich an Misserfolgen weiterentwickeln können.
5. Mehr Erfolg im Team.
6. Ehrlich währt am Längsten.
7. Ohne Fleiß kein Preis!

Haben Sie Mut, etwas auszuprobieren!

„Der Direktor eines großen Zoos wünschte sich seit vielen Jahren einen Eisbären, doch bislang hatte er nur Pech. Entweder war kein Geld vorhanden, die Stadträte waren anderer Meinung oder man fand nicht das geeignete Gelände usw. Doch das sollte sich ändern. Eines Tages stimmte alles. Die Glücksfee hatte ihr Füllhorn über ihn ausgeschüttet. Alle Stadträte hatten zugestimmt, ein Gelände wurde gefunden und das Geld bewilligt. Die Freude des Zoodirektors war so groß, dass er beschloss, den Eisbären sofort zu kaufen, damit er miterleben könne, wie sein Gehege und sein Heim entstehen. Und so geschah es. Er kaufte den Eisbären und stellte ihm auf dem noch nicht vorbereiteten Gelände einen Käfig von 2 mal 2 Meter zur Verfügung. Die Bauarbeiten begannen, die Bagger kamen, es wurde eingeebnet und ausgehoben, es wurden Berge und Täler und ein See für ihn angelegt und der Eisbär sah den Bauarbeiten aufmerksam zu. Alles wurde begrünt und endlich, nach einem halben Jahr, waren das Gehege und das Umfeld für den Eisbären fertiggestellt. Es kam der große Tag der feierlichen

Eröffnung. Der Bürgermeister, die Stadträte und ein riesiges Publikum waren zugegen. Endlich war es soweit: der Eisbär durfte von seinem neuen Zuhause Besitz ergreifen, der Käfig wurde abgebaut, und alle warteten gespannt, was nun geschehen würde. Und wissen Sie, wie sich der Eisbär verhielt? Er ging 2 Meter vorwärts, 2 Meter nach rechts, 2 Meter zurück und 2 Meter links. Er lief genau innerhalb dieser 2 Meter, innerhalb des gewohnten Gefängnisses, innerhalb des nicht mehr vorhandenen Käfigs hin und her."

Gehen Sie über Ihre gedanklichen Grenzen hinaus. Haben Sie den Mut, etwas Neues auszuprobieren

Wenn wir das tun, was wir schon immer getan haben, werden wir auch das bleiben, was wir schon immer waren

Wenn Sie persönlich nicht Gefangener Ihres eigenen Gedankenkäfigs bleiben wollen, müssen Sie sich anders verhalten als der Eisbär. Gehen Sie einen Schritt über die Grenzen Ihrer üblichen Gewohnheiten hinaus. Seien Sie mutig und probieren Sie einfach etwas aus. Denn – wenn Sie einmal Erfolg gehabt haben, ist es viel leichter, daran zu glauben, dass Sie wieder Erfolg haben werden. Um nochmals Erich Kästner zu zitieren: **„Es gibt nichts Gutes, außer man tut es."**

Seit ich im Bereich der Weiterbildung tätig bin, schreibe ich regelmäßig Fachartikel für Zeitungen und Zeitschriften. Ich weiß noch wie heute, wie ich an meinem ersten Artikel saß. Ich hatte einen festen Termin zugesagt, den ich unbedingt einhalten musste. Als ich so vor dem leeren Blatt saß, war ich überhaupt nicht sicher, ob ich einen guten Artikel verfassen könnte, aber als er fertig war, wusste ich, dass ich auch unter Zeit- und Termindruck in der Lage war, Presseveröffentlichungen zu schreiben. Eine Erfahrung, die ich nur dadurch gewann, dass ich es einfach tat. Der zweite Artikel ging schon weitaus leichter von der Hand, und so steigerten sich Schnelligkeit und Fertigkeit, Artikel und Berichte zu verfassen. Wenn mir vor vielen Jahren jemand gesagt hätte, dass ich einmal ein Buch schreiben würde, so hätte ich ihn ausgelacht. Nun, da ich es aber probiert habe, wusste ich nach dem ersten geschriebenen Kapitel, dass es zu schaffen ist, und dass ich es geschafft habe, zeigt sich darin, dass Sie schon in meinem zweiten Buch lesen. Es ist wie eine sich selbst erfüllende Prophezeiung – man glaubt daran, etwas zu beherrschen, wenn man es schon einmal getan hat. Dieser Grundsatz gehört für mich zu den wichtigsten Erkenntnissen meines Lebens. Aufgrund dieser Erkenntnisse wurde das gesamte INtem-Trainingssystem aufgebaut. Das von mir entwickelte INtem-Training ist ein IntervallSystemTraining, d. h. wir trainieren z. B. Verkaufsverhalten in der Form, dass wir nur kleine Trainingseinheiten über einen halben bis einen Tag durchführen, denen ca. 1 – 2 Wochen Umsetzungszeit folgen. In dieser Zeit ist der Teilnehmer aufgefordert, das Erlernte auszuüben, um festzustellen, dass es auch für ihn Gültigkeit hat und daraus die Kraft und Motivation für den nächsten Schritt, die nächste Umsetzung zu entwickeln. Der Grundgedanke besteht darin, anstelle eines prall gefüllten Ordners, der in einem 3-Tage-Seminar durchgearbeitet wird, danach aber meistens im Schrank oder Schreibtisch verschwindet, ein Training anzubieten, in dem sowohl Wissensvermittlung als auch deren Umsetzung in kleinen Häppchen präsentiert werden. Wie schon erwähnt, wurde das Training 1994 vom Bund Deutscher Verkaufsförderer und Trainer mit dem Deutschen Trainingspreis in Gold ausgezeichnet, unter anderem deshalb, weil mit der Intervallmethode eine Verhaltensänderung erzielt werden kann. Auch in diesem Buch finden Sie immer wieder Anregungen, das Gelesene in kleine Stücke zu unterteilen, sich Gedanken zu machen und in Ihrem persönlichen Strategieheft Notizen und Übungen festzuhalten, um diese sukzessiv in der Praxis zu testen, selbst zu erkennen und zu spüren, dass Sie sich bestimmte Dinge schon zu eigen gemacht haben, so dass sich daraus neue Motivation für weitere Umsetzungsschritte entwickelt.

Es ist allein Ihre Entscheidung, wie Sie eine Sache angehen und ob Sie etwas ausprobieren möchten. Ganz gleich, ob Sie sich eine „irre" Gesprächseröffnung einfallen lassen, oder ob Sie Ihren Kunden mit einem Blumenstrauß begrüßen, weil er zum 10. Mal nichts bei Ihnen gekauft hat, gleich ob Sie eine Showeinlage als Demonstration einbringen oder die Abschlussfrage einmal sofort nach der Begrüßung stellen, mit jeder neuen Idee sind Sie nicht länger einer unter vielen Gleichen. Um zu wissen, ob und wie dies auf Sie und Ihren Kunden wirkt, müssen Sie den Mut haben, es auszuprobieren. Sie sind jede Sekunde in der Lage, diese Entscheidung zu treffen. Es gibt nichts, was Sie daran hindern könnte.

Kontinuität und Wiederholung sind Meilensteine auf dem Weg zum Gipfel

Lassen Sie sich etwas Außergewöhnliches einfallen

Außergewöhnliche Handlungen bringen außergewöhnliche Ergebnisse

„Was ist Vorsicht? Die Gefahr lässt sich nicht auslernen!"

Johann Wolfgang von Goethe

Übung:

Sammeln Sie in Ihrem Strategieheft möglichst viele „verrückte" Möglichkeiten und Ideen, die Sie in Ihrem Verkaufsalltag weiterbringen könnten. Danach lesen Sie das Geschriebene nochmals durch und streichen all das, was Sie real nicht ausprobieren können oder wollen. Bevor Sie zur Umsetzung schreiten, bereiten Sie sich gut vor, probieren Sie eine Idee aus. Es wird Ihre Arbeit bereichern.

Arbeiten Sie mit Spaß und Engagement bei Ihrer Verkaufstätigkeit

Beziehungsmanagement funktioniert nach dem „Winner-Winner-Prinzip"

Verkaufen ist eine schöne Sache, aber sie ist dann erst richtig schön, wenn sie von Mensch zu Mensch stattfindet, das heißt nach dem „Winner-Winner-Prinzip". Verkaufen heißt, Beherrscher des Beziehungsmanagements zu sein. Und Beziehungsmanager sein, heißt, mit Menschen erfolgreich umgehen zu können – mit sich selbst und mit anderen.

Wer verkauft, muss Menschen mögen. Deshalb prüfen Sie, ob Ihnen Verkaufen Spaß macht. Wenn Sie Menschen wirklich mögen, dann wird Ihnen der Verkauf auch Freude bereiten. Ich spreche von dem spielerischen Verkaufen, nicht vom „Hard Selling", Druck-Verkauf oder von Methoden, die mit „über den Tisch ziehen" zu tun haben. Spaß und Engagement einzusetzen, heißt aber auch, sich darüber im Klaren zu sein, ob man Berater oder Verkäufer sein möchte. Räumen Sie mit dem Vorurteil auf, dass Verkäufer zu sein etwas Negatives ist. Ein Verkäufer, ein guter Verkäufer ist ein hervorragender Berater seines Kunden. Der Unterschied besteht lediglich darin, dass die Beratung zielgerichtet verläuft, d. h. dass Sie mit Ihrem Kunden ein gemeinsames Ziel anfixieren und in Ihrem Beratungsgespräch zielgerichtet darauf hinarbeiten. Es ist schon öfter vorgekommen, dass Teilnehmer zu Beginn eines Trainings zu mir sagten: „Wenn ich nur Verkäufer hätte werden wollen, wäre ich es geworden. Ich bin aber vor allem Berater." Elf Wochen später, bei der Schlusspräsentation, habe Ich diese Teilnehmer erlebt, wie sie das Training mit dem Satz beendeten „Ich bin stolz, in meiner Firma Verkäufer zu sein!" Was ist passiert? Hat dieser Mitarbeiter ein Vierteljahr Tipps, Tricks und Kniffe gelernt, die ihn noch härter und verkaufsorientierter werden ließen, hat er den Wert einer guten Beratung, einer partnerschaftlichen Beziehung und eines Verkaufsvorganges nach dem beidseitigen Gewinner-Prinzip erkannt oder hat er einfach nur seine Einstellung zum Wort „verkaufen" geändert? Ich glaube, es liegt meistens an der Einstellung. Wer sich im Verkauf engagiert und die Spielregeln beherrscht, wird Spaß an seiner Tätigkeit haben. Setzen Sie also Ihre Glaubenssätze, Ihre Stärken und Ihre Grundregeln positiv ein, um sich selbst in einen guten, vertrauensvollen Zustand zu bringen und damit Ihrem Kunden zu helfen.

Wer sich im Verkauf engagiert und die Spielregeln für partnerschaftl. Verkaufen beherrscht, hat Spaß an seiner Arbeit

Wenn Sie heute in der aktiven Kundenberatung, das heißt auch im aktiven Verkauf, tätig sind, stellen Sie sich doch einmal folgende Frage: „Welche Vorteile habe ich dadurch, dass ich diese Tätigkeit ausüben darf?" und „Welche Vorteile gebe ich meinen Kunden mit meiner aktiven Verkaufsberatung?"

Übung:

Notieren Sie Ihre Antworten auf einer Seite Ihres persönlichen Strategieheftes. Schreiben Sie über Vorteile, die Sie sowohl für sich als auch für Ihren Kunden sehen und schreiben Sie über das, was Ihnen den größten Spaß an Ihrer Tätigkeit bringt.

Wenn Sie hingegen Ihre Arbeit als Quälerei sehen, dann fragen Sie sich, wie die Qualität Ihrer Arbeit ausfallen wird. Verkaufen von Produkten und Dienstleistungen stellt heute höchste Anforderungen und erfordert den bestmöglichen Einsatz des Beraters. Das Geheimnis Ihres Erfolgs sind Engagement und Hingabe, mit denen Sie für Ihre Kunden tätig sind sowie Spaß und die Freude, die sie daran haben, mit Menschen und für Menschen Lösungen zu finden, um deren Wünsche zu erfüllen. Generell gesagt, gibt es keinen Erfolg ohne Hingabe. Ganz gleich, wen Sie dabei betrachten, seien es *Nelson Mandela oder Elvis Presley, Martin Luther King oder Thomas Edison,* der mehr als zehntausend Versuche durchführen musste bis er die Glühbirne erfunden hatte.

Machen Sie sich selbst bewusst, warum Sie bei der Arbeit mit Ihren Kunden engagiert sein wollen und was dies für Sie persönlich bedeutet. Hören Sie nochmals das Lob eines Ihrer Kunden für eine zufriedenstellende, erfolgreiche Beratung, spüren Sie noch einmal das Gefühl, das Sie dabei hatten – haben Sie einfach Spaß an Ihrer Verkaufstätigkeit.

Übernehmen Sie die volle Verantwortung für Ihren Verkaufserfolg

Erfolg-reiche Verkäufer übernehmen die volle Verantwor-tung für das, was sie tun

Ein weiterer wichtiger Grundsatz besteht darin, selbst die Verantwortung für den Erfolg zu übernehmen. Auf manchen Festen, speziell im Gespräch mit älteren Leuten, höre ich die bekannten Sätze: „Damals war alles anders... Hätte ich doch... Wenn die Umstände anders gewesen wären..." und viele andere Aussagen dieser Art. Die Zeit war schuld an vielen Dingen, die passiert sind. Ich glaube aber, jede Zeit hat ihre Probleme und jede Zeit hat auch ihre Chancen. Die Frage ist, inwieweit ich persönlich dazu bereit bin, die Verantwortung für mich selbst zu übernehmen, meine Ziele kontinuierlich zu verfolgen, für meinen Erfolg einzutreten und die notwendigen Anforderungen und Strapazen dafür auf mich zu nehmen. Erfolgreiche Menschen – und erfolgreiche Verkäufer – übernehmen die volle Verantwortung für das, was sie tun. Deshalb sind sie erfolgreich. Immer wieder treffe ich Kundenberater, die mir erzählen, dass sie, wie in fast allen Branchen üblich, Zielvereinbarungen getroffen oder Zielvorgaben bekommen haben. Dennoch beklagen sie sich häufig darüber, dass sie diese Vereinbarungen nicht erreichen oder einhalten können und deshalb gestresst sind. Die Erklärungen lauten meistens gleich, wie Sie sie vielleicht selbst kennen: „Ich musste Vertretung übernehmen." „Die notwendigen Prospekte waren nicht da!", „Wir haben zu wenig Personal" und so weiter und so weiter. Sicher gibt es tausend Gründe dafür, warum etwas nicht gelingt, und das gilt nicht nur für die Ziele Ihres Unternehmens, sondern für alle Lebenssituationen. **Übernehmen Sie deshalb die Verantwortung für die Vereinbarungen, die Sie mit sich und anderen treffen.** Denn: Wer sich vor der Verantwortung drückt, bekommt Druck von anderen. Wer Verantwortung übernimmt, gewinnt an Spaß, Freude und an Macht. Macht über sich selbst und über das Geschehen. Wer seine Vereinbarungen einhält und alles daran setzt, sie zu übertreffen, wird Wege finden, dies auch zu erreichen.

Wissen ist Macht, aber die richtige Einstellung ist Verkaufserfolg. Wenn Sie Verantwortung für die Zielvereinbarung übernehmen, haben Sie auch die Verantwortung, mit Ihren Kunden Geschäfte zu machen, d. h., dass Ihr Kunde bei Ihnen abschließt. Das bedeutet, es liegt in Ihrer Hand, auf einer guten Beziehungsebene diese Abschlüsse herbeizuführen. Ich habe schon einige Beratungsgespräche erlebt, bei denen der Kundenberater die Macht seines Wissen eingesetzt hat, dabei aber leider das Abschließen vergaß oder den Abschluss regelrecht zerredete. Es gibt einen alten Spruch: „Wer alles sagt, was er weiß, ist ein Narr. Wer alles weiß und nur das Notwendige sagt, ist weise." Übernehmen Sie die volle Verantwortung für Ihren Verkaufserfolg, indem Sie verantwortungsbewusste und erfolgreiche Verkaufsgespräche führen. Bauen Sie Ihre Gespräche so auf, dass Ihr Kunde auch bei Ihnen kauft. Untersuchungen haben ergeben, dass der Kunde, nachdem er seinen Wunsch fixiert hat, meistens diese Entscheidung auch in eine Kaufentscheidung umsetzt. Die Frage ist nur, wo – bei Ihnen oder bei Ihrem Mitbewerber. Nutzen Sie die Möglichkeit, als guter Beziehungsmanager diese Verkaufsgespräche für sich und Ihr Unternehmen zu entscheiden. Übernehmen Sie nicht nur für den Verkaufserfolg die Verantwortung, sondern für Ihr gesamtes Handeln, für Sie selbst, für Ihr eigenes Leben, für getroffene Entscheidungen und für das, was daraus resultiert, ganz gleich, ob positiv oder negativ.

> „Wer alles sagt, was er weiß, ist ein Narr. Wer alles weiß und nur das Notwendige sagt, ist weise."

Wer die volle Verantwortung für seinen Verkaufserfolg übernimmt, wird agieren und nicht reagieren. Er wird sich rechtzeitig um Ideen und Strategien kümmern, um seinen Verkaufserfolg sicherzustellen und nicht erst im letzten Moment, kurz vor Monatsende, unter Druck verkaufen. Er wird ein Verkaufskonzept erstellen und aktiv Termine vereinbaren, um der Verantwortung, die er übernommen hat, gerecht zu werden.

Übung:

Erstellen Sie sich ein Verkaufskonzept. Beschreiben Sie in Ihrem Strategieheft, welche Strategien Sie für Ihre Verkaufserfolge einsetzen bzw. welche konkreten Maßnahmen Sie durchführen werden. Notieren Sie alles, was notwendig ist, um Ihre Verkaufserfolge sicherzustellen:

1. Sofort
2. Innerhalb dieses Monats
3. Innerhalb dieses Quartals
4. Innerhalb dieses Halbjahres
5. Innerhalb dieses Jahres.

Legen Sie die Parameter fest, an denen Sie Ihre jeweiligen Erfolge messen. Überprüfen Sie das Erreichte regelmäßig, z. B. wöchentlich oder monatlich. Übernehmen Sie die volle Verantwortung für Ihre Verkaufserfolge.

Wie Sie sich an Misserfolgen weiterentwickeln können

Es gibt keine Misserfolge – nur Ergebnisse

Sicher gibt es immer wieder Gespräche oder Situationen, die nicht unserer Vorstellung entsprechend verlaufen und folglich als Misserfolg bewertet werden. Als Misserfolg deshalb, weil kein Erfolg zu verbuchen war – wir geben dem Vorgang eine negative Wertung. Doch in Wirklichkeit gibt es keine Misserfolge. Neutral betrachtet, sind es ausschließlich Ergebnisse und/oder Resultate. Was wir falsch machen, ist kein Misserfolg, sondern nur ein erzieltes Ergebnis. Wir lernen nur aus Fehlern. Etwas besser zu machen, setzt voraus, dass ich erkenne, was falsch war. Ganz gleich, ob es eigene oder fremde Fehler sind, der gesamte Lernprozess ist darauf aufgebaut. Was wir oftmals als Missergebnis empfinden, ist nur Feedback auf dem Weg zu unserem Ziel. Feedback, das nicht in die erwartete Richtung geht, bietet die Möglichkeit, unser Handeln zu korrigieren, um unser Ziel zu erreichen. Betrachten Sie es wertneutral. Ergo, jeder Fehler ist Teil eines wichtigen Prozesses, denn wir lernen aus Erfahrungen. Dass von vielen Menschen jeder Fehler und Irrtum als Misserfolg angesehen werden, ist oft belastend, es wirkt sich negativ auf die innere Einstellung aus. Aber die größte Einschränkung überhaupt ist die Furcht vor dem Misserfolg, die Furcht, zu versagen. Deshalb ist es wichtig, nicht in Problemen, sondern in Chancen bzw. Lösungswegen zu denken. Erfolgreiche Menschen kennen das Wort Misserfolg nicht, sie gehen immer wieder neue Wege, um zum Erfolg zu gelangen. Der Erfolgreiche unterscheidet sich vom Erfolglosen nicht dadurch, dass er seltener auf die Nase fällt, sondern dadurch, dass er häufiger wieder aufsteht.

Die Angst vor Misserfolgen lähmt unser Handeln

Nehmen wir einmal an, dass ein Verkaufsmitarbeiter die Zielvereinbarung nicht erreicht hat und dadurch unter Stress gerät. Er hat eine gewisse Anzahl abgeschlossen, aber das ändert nichts daran, dass er die Zielzahlen nicht erreicht hat. Er muss jetzt neue Aktivitäten planen und sein Handeln neu darauf einstellen. Die einfachste Möglichkeit besteht darin, sich jemanden zu suchen, der die Zielvorgaben erreicht hat, dessen Aktionen zu überprüfen und herauszufinden, wie dieser Mitarbeiter vorgegangen ist, um sein Ziel zu erreichen. Man kann sich an eine erfolgreiche Strategie anhängen bzw. diese Strategie übernehmen. Es geht hier nicht um Erfolg oder Misserfolg, es geht um das Erreichen eines Ergebnisses.

An Misserfolge glauben heißt, negative Emotionen in sich aufzubauen und diese abzuspeichern, negative Bilder und Worte im Unterbewusstsein abzulegen. Dies hat zur Folge, dass allein der Gedanke an die Angst vor dem Versagen für viele Menschen ein so unüberwindbares Hindernis darstellt, dass dadurch alle Aktivitäten gelähmt werden. Stellen Sie sich vor, Sie würden einen Fachartikel schreiben wollen, haben aber Zweifel, ob ihn überhaupt jemand druckt, und wenn ja, ob er dann Interesse findet und ob er gut ist. Wenn das Ihre Gedanken sind – Misserfolgsgedanken – wie wird dann die Umsetzung aussehen? Wahrscheinlich werden Sie den

Artikel erst gar nicht schreiben. Allein der Gedanke an den Miss-erfolg bzw. an das eventuelle Versagen führt dazu, dass Sie eine Chance, eine Möglichkeit erst gar nicht wahrnehmen. Vielleicht hätten Sie mit Ihrem Artikel ein breites Publikum angesprochen, vielen Menschen neue Tipps gegeben oder Ihren Kollegen neue Aspekte durch die Veröffentlichung dieses Artikels aufgezeigt.

Übung:

Erinnern Sie sich bitte: Vielleicht gab es auch in Ihrem Leben Misserfolge. Überlegen Sie, welche Gegebenheiten Sie zu Ihren größten Misserfolgen rechnen. Notieren Sie diese bitte in Ihrem persönlichen Strategieheft in Stichworten. Nehmen Sie sich dazu einige Minuten Zeit und überlegen Sie, welche Erfahrungen Sie aus den sogenannten schlimmsten Misserfolgen Ihres Lebens ge-sammelt haben. Gehören diese vielleicht zu den wertvollsten Lek-tionen? Was haben Sie daraus gelernt? Notieren Sie auch dies in Ihrem persönlichen Strategieheft. Wie Sie sehen, sind Misserfolge Chancen, die uns weiterbringen.

Misserfolge sind Teil-ergebnisse auf dem Weg zum Ziel

Streichen Sie das Wort Misserfolg aus Ihrem Wortschatz. Tauschen Sie es aus gegen das Wort Ergebnis oder Resultat, denn es gibt nur Ergebnisse oder Resultate. Seien Sie offen und lernen Sie aus diesen Ergebnissen, sehen Sie sie als Feedbacks, die Ihnen helfen, Ihre Ziele zu erreichen. Wenn Sie nicht auf dem richtigen Weg zu Ihrem Ziel sind, ändern Sie Ihr Verhalten immer wieder, bis Sie mit Ihren Ergebnissen zufrieden sind. Lernen Sie aus jeder Erfahrung.

Mehr Erfolg im Team

„Toll, ein anderer macht´s!" Auch das ist eine Definition des Be-griffes Team. Doch Teamarbeit heißt nicht, die Verantwortung auf andere abzuwälzen, sondern Synergie-Effekte zu nutzen. Jeder Mensch hat andere Fähigkeiten, jeder Mensch hat eigene Stärken. Teamarbeit bedeutet, vorhandene Stärken gemeinsam zu nutzen, Synergie-Effekte aufzubauen. Ziel ist es, gemeinsam stark zu sein, nicht aber, gemeinsam schwach zu sein.

Einmal hatte ich ein Verkaufstraining, bei dem mehrere Teams trainiert wurden. Schon zu Beginn war auffallend, dass sich gute Mitarbeiter nicht mehr hervortun durften als die Schwächeren. Also, besondere Aktivität oder besondere Leistung wurden innerhalb des Teams quasi „bestraft" bzw. nicht anerkannt. Das hatte zur Folge, dass sich die aktiven Teammitglieder nicht so sehr um Spitzenleistungen bemühten, sondern mehr auf den Teamgedanken und die Anerkennung des Teams ausgerichtet waren. Niemals darf dieses Verhalten Sinn und Zweck eines Teams sein; ein Team soll, anstatt zu hemmen, den einzelnen fördern und weiterbringen, es baut sich auf anstatt sich zu schwächen. Seien Sie von sich überzeugt und glauben Sie an sich, aber glauben Sie auch an die Fähigkeiten anderer. Bilden Sie Verkaufsteams. Nutzen Sie die Erfahrungen vieler Verkaufsjahre.

Im Team ist:
2 x 2 = 5

Das Team-Motto lautet: „Gemeinsam sind wir stark!", das heißt: schnell und flexibel sowie markt- und kundenorientiert. Speziell im kundenorientierten Bereich ist die Teameinstellung „jeder hilft jedem" sehr nützlich, denn mit diesem Motto bleibt kein Telefonat unbearbeitet und kein Schreiben liegen. Die Kundenprobleme werden ernst genommen und angepackt, gleich, mit wem der Kunde vorher Kontakt hatte. Es gibt kein: „Herr Müller ist nicht im Hause, können Sie bitte am Montag wieder anrufen, dann wird sich Herr Müller um Ihre Sache kümmern", sondern es heißt eher: „Einen Moment bitte, Herr Kunde, ich werde mich um Ihre Angelegenheit kümmern, auch wenn Herr Müller zur Zeit nicht da ist."

Ziel eines Teams ist es nicht, „meine Seite und deine Seite" zu trennen und sein eigenes Ziel anzuvisieren, sondern beide Seiten gemeinsam zu betrachten, also „unsere Seite und unser Ziel" zu sehen. Das heißt, nicht „meinen Bereich und deinen Bereich" bearbeiten, sondern „unseren gemeinsamen Bereich mit einem gemeinsamen Ziel" zu verfolgen. Je mehr gemeinsame Kraft wir einsetzen, um uns auf ein Ziel zu konzentrieren, desto stärker ist die Wirkung, bzw. desto schneller können wir es erreichen. Selbst wenn wir gleichen Aufgaben und gleichen Anforderungen gegenüberstehen, bringt die Teamarbeit erhebliche Vorteile.

Allein ist vieles möglich, gemeinsam ist alles möglich!

Eine immer wiederkehrende Aufgabe in unseren Trainings besteht darin, „aktiv Termine mit Kunden zu vereinbaren". Dies geschieht meistens über das Telefon. Das heißt, Trainingsteilnehmer telefonieren, um Verkaufstermine zu vereinbaren. Wir bitten die Teilnehmer nach einer gewissen Zeit, nicht mehr allein, sondern in Teams, in Abteilungen und Geschäftsstellen gemeinsam diese Akquisitionstätigkeit durchzuführen. So bilden sie zum Beispiel Teams von 3 – 4 Kollegen, die zu einem bestimmten Zeitpunkt gleichzeitig über eine gewisse Zeit in einer Abteilung aktive Telefonarbeit leisten und Termine vereinbaren, sich Feedback geben und sich gegenseitig motivieren. Der Erfolg eines Teams ist um ein vielfaches höher als die vorherigen Einzeltelefonate. Nutzen auch Sie die Vorteile der Teamarbeit. Bedienen Sie sich nicht nur der schon vorgegebenen Teams, sondern überlegen Sie, mit wem Sie im Team arbeiten bzw. mit wem Sie Ihr Team erweitern möchten. Wer hat Fähigkeiten, die bei Ihnen nicht stark ausgeprägt sind, Ihnen aber helfen könnten; z. B. einer telefoniert gerne, um Termine zu vereinbaren, der andere verkauft lieber, oder: einer führt gerne

Die Vielfältigkeit verschiedener Stärken ist der Gewinn des Teams

Kundengespräche, ein anderer bearbeitet lieber Vorgänge, oder: der eine arbeitet gerne zügig und schnell an einfachen Aufgaben, während ein anderer lieber diffizile, komplexe Vorgänge anpackt. Sicher gibt es hier noch viele andere Beispiele, aber entscheidend ist, sich mit einem anderen Mitarbeiter zu ergänzen. Nutzen Sie Ihre Stärken und die des anderen im Team. Entwickeln Sie einen Teamplan mit dem Ziel, die Kundenzufriedenheit zu steigern. Besprechen Sie ihn gemeinsam mit Ihren Teamkollegen und beginnen Sie mit der Umsetzung.

Übung:

Notieren Sie in Ihrem persönlichen Strategieheft, was Sie Woche für Woche zur Weiterentwicklung und Verstärkung des Teamgedankens unternommen haben. Bitte bedenken Sie, dass wir nur dann erfolgreich sind, wenn unser Kunde mit uns zufrieden ist. Ganz gleich, ob Sie in einem großen oder kleinen Team arbeiten, die Teamarbeit hat immer nur ein Ziel: Kundenzufriedenheit.

Ehrlich währt am Längsten

Aufrichtigkeit ist immer noch die beste Basis für ein gutes Beziehungsmanagement. Wenn Sie sich als Verkäufer an die Wahrheit halten und diese aussprechen, dann sind Sie frei von der Sorge, sich an das erinnern zu müssen, was Sie bei Ihrem letzten Kundengespräch erfunden haben, sie sind frei von der Angst, sich selbst zu widersprechen – frei, um sich auf das Beratungsgespräch und Anbieten Ihrer Produkte und Dienstleistungen konzentrieren zu können. Diesen Vorteil hat auch der Kunde, der Ihnen vertraut, der weiß, dass Sie ihm die Wahrheit sagen, er muss seine Kraft und Aufmerksamkeit nicht darauf konzentrieren, ob Sie es ehrlich mit ihm meinen, er kann unbefangen und frei zuhören. Seine Gedanken kreisen nicht darum, ob Sie ihn übervorteilen, er kann aufmerksam den Vorteilen lauschen, die ihm Ihre Empfehlung bringt.

Mancher Kunde wurde von Verkäufern schon einmal enttäuscht und fühlte sich von einigen Anbietern über den Tisch gezogen. Doch schnelle Abschlüsse sind nur kurzfristiges Provisionsgeschäft. Die Ehrlichkeit gegenüber Ihren Kunden sorgt für langfristige Kundenbindung.

Dennoch ist es Ihre Aufgabe, die Zielvereinbarungen und Verkaufszahlen zu erreichen – und dies trotz Ihrer Ehrlichkeit – oder gerade wegen dieser Ehrlichkeit? Ich behaupte, gerade deshalb werden Sie in der Lage sein, Ihre Ziele zu erreichen. Wenn Sie aktiv auf Ihre Kunden zugehen und nach deren Wünschen fragen, wenn Sie herausfinden, was für Ihren Gesprächspartner das Wichtigste ist, welche Wünsche er sich erfüllen möchte, worauf er Wert legt, wird es kein Problem darstellen, ihm die passenden Produkte anzubieten. Das setzt aktives Arbeiten mit Ihrem Kunden voraus. Es setzt mehr voraus, als nur ab und zu ein Gespräch zu führen, um noch eine Zielzahl zu erfüllen. Warten Sie also nicht bis zum Monatsletzten, um Ihre restlichen Zielzahlen zu erfüllen, werden Sie vorher aktiv, agieren Sie rechtzeitig, planen Sie voraus und schaffen Sie regelmäßige Kontakte mit Ihren Kunden. Rufen Sie Ihre Kunden an und vereinbaren Sie mit ihnen Beratungs- und Besprechungstermine, so dass Sie ausreichend Zeit haben, Ihre

Ziele erreichen Sie nicht trotz, sondern wegen Ihrer Ehrlichkeit

Ziele in Angriff zu nehmen. So haben Sie die Chance, Ihren Kunden eine aufrichtige und ehrliche Beratung zu bieten. **Bestimmen Sie die Anzahl Ihrer Verkaufsgespräche und erreichen Sie über diese Ihre Ziele.**

Ohne Fleiß kein Preis

F. Bettger: „Ein Verkäufer, der tägl. 5 Kundentermine wahrnimmt, kann nicht erfolglos sein."

„Zeigen Sie mir einen Verkäufer, der pflichtbewusst jeden Tag seine 5 Kunden besucht – und ich will Ihnen einen Mann zeigen, der nicht darum herumkommt, Erfolg zu haben!" Mit diesem Satz beschreibt Frank Bettger in seinem Buch „Lebe begeistert und gewinne" eines der wichtigsten Erfolgsgesetze. Bei diesem Gesetz geht es einfach nur darum, den „inneren Faulpelz" zu überwinden und kontinuierlich an seiner Leistung zu arbeiten. Wenn Sie Frank Bettgers Satz nachspüren, werden Sie feststellen, dass es nicht Sinn der Sache ist, einmal mit fünf Kunden erfolgreich zu sein, sondern dieses Pensum täglich zu erfüllen. **Das Erfolgsrezept liegt nicht in der Menge der Termine, sondern in der Kontinuität.**

Die drei magischen Wörter auf dem Weg zu großen Ergebnissen lauten: „... und etwas mehr"

Nicht das Beginnen wird belohnt, sondern einzig und allein das Durchhalten. Es sind nur drei kleine Wörter, die den Erfolgreichen herausheben. Sie lauten: „...und etwas mehr!" Erfolgreiche Verkäufer tun alles das, was man von Ihnen erwartet – und etwas mehr! Sie agieren so viel, wie jeder andere auf seinem Gebiet – und etwas mehr! Ein Schüler, der eine „Auszeichnung" erhält, hat mehr geleistet als nur das, was man von ihm verlangte. Er ist ein guter Schüler – und etwas mehr! Die Belohnung für einen Verkäufer ist, ähnlich wie beim Schüler, ein „ausgezeichneter" Kunde, denn er kümmert sich um ihn – und etwas mehr. Da sich viele Kundenberater und Verkäufer oft hinter einem Berg von Arbeit verstecken, haben sie diese Gelegenheit noch nicht erkannt. In einem Beratungsgespräch zufällig einen Verkaufsabschluss herbeizuführen, heißt, auf einem risikoreichen Pfad zu gehen. Hingegen ist aktives und kontinuierliches Planen der bessere und sicherere Weg zum Verkaufserfolg. Thomas Edison sagte einmal: „Ich habe nie etwas zufällig getan, noch kam irgendeine meiner Erfindungen durch Zufall zustande. Sie sind der Ertrag harter Arbeit." Was er uns damit sagt, ist „ohne Fleiß kein Preis". Um auf den Gipfel des Erfolgs zu kommen, gibt es keinen Aufzug, man muss die Treppe benutzen. Man kann nur eine Stufe nach der anderen nehmen und bleibt dort hängen, wo man nicht mehr weitersteigen will. Erfolgreich zu sein heißt, motiviert zu sein und Leistung zu erbringen. Ein Mitarbeiter, der sich bemüht, nur mitzukommen, wird eines Tages von den anderen überrundet. Vielleicht hat er gelernt, durchzukommen – aber nicht, vorwärts zu kommen. Das Wort Erfolg ist unabdingbar mit Fleiß verbunden. Wenn Sie erfolgreich verkaufen wollen, dann müssen Sie mit möglichst vielen Kunden Beratungsgespräche vereinbaren. Es gibt vier einfache Regeln, wie Sie dies erreichen:

— Leute ansprechen
— Genügend Leute ansprechen
— Die richtigen Leute ansprechen
— Erfolgreiches Beziehungsmanagement aufbauen.

Wer einen Fisch fangen will, muss ans Wasser gehen. Wer Verkaufsgespräche durchführen will, muss seine Kunden ansprechen. Bedenken Sie, es gibt nur wenige, denen ein natürliches Verkaufstalent angeboren ist. Wer dieses Talent hat, startet mit einem Vorteil. Doch ein durchschnittlicher Verkäufer kann dieses Manko ausgleichen, indem er eine überdurchschnittliche Anzahl von Gesprächen durchführt und somit oftmals mehr Abschlüsse erreicht als der überdurchschnittlich talentierte Kollege, der nur eine durchschnittliche Anzahl von Beratungen durchführt.

Es gibt zwei Arten von Verkäufern, die „heute" nicht viel zustande bringen. Die einen bewundern ihre hervorragende Leistung von gestern, so dass sie einen ganzen Tag damit verbringen, sich selbst zu gratulieren und zu loben. Die anderen werden alles „morgen" tun. Doch bedenken Sie – ganz gleich, wie tüchtig Sie sind – **weder gestern noch morgen ist es möglich, die Arbeit von heute zu tun**. Deshalb planen Sie kontinuierlich und aktiv den jeweiligen Tag. Planen Sie Ihr Heute. Denn Sie wissen ja: Ohne Fleiß kein Preis!

Übung:

Nehmen Sie nun wieder Ihr persönliches Strategieheft zur Hand: Überlegen und notieren Sie, wieviele Kontakte Sie jede Woche aufbauen wollen, wieviele Anrufe und Kundenansprachen Sie wöchentlich konkret durchführen werden, um Termine für Gespräche zu erhalten. Legen Sie fest, wieviele Gespräche Sie im Monat durchführen wollen. Überprüfen Sie Ihre Erfolge jede Woche.

Das Geheimnis der Langzeitmotivation

Kennen Sie Menschen, die ständig etwas ausprobieren und unternehmen, die sich nicht scheuen, eine Aufgabe anzupacken, um zu schauen, was sie daraus machen können, Menschen, die engagiert arbeiten und Spaß an ihrer Arbeit und der Verkaufstätigkeit haben, Mitarbeiter, die voll und ganz die Verantwortung für ihre Erfolge übernehmen? Kennen Sie Menschen, die ihren Blick nicht auf Misserfolge, sondern auf Chancen gerichtet haben? Kennen Sie Menschen, die nicht nur ihre eigene Stärke, sondern die Stärke ihres ganzen Teams nutzen, um mit den Kunden besser umzugehen? Und kennen Sie Menschen, die ehrlich und vertrauensvoll sind und an Ihren Zielen arbeiten?

Wie finden Sie solche Leute? Sind Ihnen diese Personen eher sympathisch oder unsympathisch?

Solche Leute haben eine positive Ausstrahlung, sind meistens gut gelaunt und freundlich zu ihren Kunden. Denn, nach unseren bereits beschriebenen sieben Grundsätzen zu leben, wird Sie über einen langen Zeitraum motivieren. Diese sieben Erfolgsgrundsätze sind der Schlüssel zur Langzeitmotivation. Eignen Sie sich diese Grundsätze an, arbeiten Sie danach. Sie werden feststellen, dass sie die Grundvoraussetzungen für ein gutes Beziehungsmanagement sind. Wenn Sie diese Grundsätze erfolgreich leben, ist es Ihnen bereits gelungen, erfolgreich mit sich selbst umzugehen. Beziehungsmanagement beginnt damit, mit sich selbst gut umgehen zu können.

Der erste Schritt zum wirksamen Beziehungsmanagement ist der erfolgreiche Umgang mit sich selbst

In diesem Abschnitt haben wir bisher über unsere Glaubenssätze und Stärken und darüberhinaus über Grundsätze des Erfolgs gesprochen. All dies bestimmt unsere Vorstellung darüber, wie wir handeln und wie wir sind – es wirkt auf unser Unterbewusstsein. Im Folgenden werden Sie hinter diesen Vorhang des Unbewussten schauen.

Kurz zusammengefasst:

— Setzen Sie sich lohnenswerte Ziele, gehen Sie diese engagiert an, erkennen Sie Ihr Feedback und korrigieren Sie flexibel Ihr Verhalten, bis Sie diese Ziele erreicht haben.
— Die beste Idee nützt nichts, wenn Sie nur eine Idee bleibt.
— Seien Sie mutig und probieren Sie etwas aus.
— Geben Sie Ihr Bestes. Beraten Sie Ihren Kunden mit Spaß und Engagement.
— Beraten Sie aktiv und zielgerichtet. Führen Sie Ihren Kunden zum Kauf. Übernehmen Sie die Verantwortung für Ihren Erfolg.
— Es gibt keine Misserfolge – sehen Sie Fehler als Lernchancen.
— Korrigieren Sie Ihr Handeln so oft, bis Sie mit dem Ergebnis zufrieden sind.
— Arbeiten Sie flexibel und effektiv im Team und steigern Sie die Kundenzufriedenheit.
— Erreichen Sie durch ehrliches Verkaufen langfristige Kundenbindungen.
— Führen Sie Ihre Verkaufsgespräche kontinuierlich.
— Planen und bestimmen Sie aktiv den jeweils „heutigen Tag".

Meine wichtigsten Erkenntnisse:

_____

_____

_____

_____

_____

_____

_____

So setze ich das Gelesene konkret in die Praxis um:

_____

_____

_____

_____

_____

_____

Kapitel 3: Was Sie heute denken, entscheidet über Ihren (Verkaufs-)Erfolg von morgen

Ich möchte Ihnen die Geschichte eines Mannes erzählen, der in Amerika sein Geschäft betrieb. Nennen wir ihn einfach Mr. Smith. Mr. Smith wohnte in New York an einer stark frequentierten Durchgangsstraße. Er lebte vom Hot Dog-Verkauf am Straßenrand. Da er schon älter war, war sein Gehör nicht mehr zuverlässig, weshalb er nie Radio hörte. Auch seine Augen waren nicht mehr die besten, weshalb er nie Zeitung las oder TV schaute. Seine Hot Dogs hingegen waren sehr gut. Er hatte Schilder aufgestellt, um der Welt zu sagen, wie gut diese seien. Er stand selbst an der Straße und rief: „Hot Dogs, prima Hot Dogs" und immer mehr Leute kauften bei ihm. Bald musste er seine Bestellungen für Brötchen und Würstchen erhöhen. Mr. Smith pries seine Hot Dogs weiterhin aktiv in jeder möglichen Form an. Das Geschäft lief immer besser, und er kaufte einen größeren Ofen, um mit der Nachfrage Schritt halten zu können. Schließlich benötigte er sogar einen Helfer, deshalb bat er seinen Sohn, die Universität zu verlassen und bei ihm einzusteigen. Nun aber geschah Folgendes: Sein Sohn sagte: „Dad, hörst Du denn kein Radio? Liest Du keine Zeitung und schaust Du kein TV? Wir haben doch zur Zeit eine riesige Rezession. In Europa ist die Lage schon ernst. Und bei uns in den USA ist die Lage noch weitaus schlimmer. Alles geht vor die Hunde, die Wirtschaft bricht zusammen!" Mr. Smith überlegte eine Weile und dachte bei sich: „Mein Sohn war auf der Universität. Er hat studiert. Er liest Zeitung, hört Radio und schaut TV. Er wird schon wissen, was draußen in der Welt passiert." – Daraufhin reduzierte er seinen Einkauf von Brötchen und Würstchen. Anstelle zusätzlicher Reklameschilder stellte er auch die bisherigen nicht mehr jeden Tag auf. Und er sparte sich auch die Mühe, sich selbst an die Straße zu stellen, um seine Hot Dogs anzupreisen. Und dann – fast über Nacht – brach sein Geschäft zusammen. Auf die Fragen seiner Nachbarn, wieso er denn keine Hot Dogs mehr verkaufe, erwiderte er: „Wisst Ihr denn nicht, dass momentan Rezession herrscht? Ich hätte es fast nicht gemerkt, aber zum Glück habe ich einen Sohn, der studiert hat und der hat mir gesagt, wie es steht – wie Ihr seht, hat es nun auch mich erwischt, denn wir befinden uns weltweit in einer gewaltigen Rezession."

An dieser kleinen Geschichte lässt sich sehr schön erkennen, wie unser Erfolg von morgen aus unserem heutigen Denken resultiert.

Erfolg hängt mit unseren Gedanken zusammen. Gedanken sind nicht einfach nur Gedanken. Viele Menschen haben schnell eine Entschuldigung zur Hand, indem sie sagen: „Das war nicht so gemeint, das war ja nur so ein Gedanke." Aber Gedanken sind quasi Aufträge an unser Unterbewusstsein. Sie entlocken ihm einerseits Informationen und andererseits werden unsere Gedanken als Erfahrungen abgelegt und können jederzeit wieder aufgerufen werden. Sie sind deshalb ein wichtiger Faktor für unsere Erfolge von morgen. Doch wie funktioniert dieses hochkomplizierte Unterbewusstsein? Ich will versuchen, Ihnen auf einfache Weise, ohne große wissenschaftliche Ausführungen, das Arbeitsprinzip des Unterbewusstseins zu verdeutlichen.

Gedanken sind Aufträge an unser Unterbewusstsein

Wie Ihre Gedanken über Ihre Zukunft entscheiden

Ich möchte mich eines einfachen Vergleiches bedienen. Lassen Sie uns das Unterbewusstsein mit einem Computer vergleichen, da dieser ähnlich funktioniert. Ein Computerprogramm kann nur mit Plus oder Minus bzw. negativ oder positiv programmiert werden. Ähnlich verhält es sich mit unserem Unterbewusstsein. Gehen wir einmal die Geschichte unseres Lebens gemeinsam durch.

1. Schritt – die Grundprogrammierung: das Startprogramm

Es ist beim Computer notwendig, damit beim Einschalten des PC's überhaupt ein Betriebssystem geladen werden kann. Die Grundprogrammierung, d. h. das Startprogramm, beginnt beim Menschen mit seiner Befruchtung. Bereits bei der Befruchtung sind alle Erbanlagen in der DNS vorgegeben, wie Haarfarbe, Augenfarbe usw. Nennen wir es einfach die Grundausstattung.

Die erste Grundprogrammierung sind unsere Erbanlagen

2. Schritt – das Betriebssystem

Die zweite Stufe ist die Nach-programmierung im Mutterleib

Z. B. Windows, Mac OS, Linux; diese Betriebssysteme sind beim Computer eine mögliche Arbeitsoberfläche und dienen als Basis für weiteres Arbeiten mit dem PC.

Der vergleichbar nächste Schritt beim Menschen ist die Zeit des Heranwachsens im Mutterleib. Bereits hier erfolgen die ersten „Nachprogrammierungen". Wenn Sie sich vorstellen, dass es in diesem Programm immer nur 2 Pole gibt, dann empfindet das Ungeborene Freude der Mutter als Plus, aber Angst und Ärger der Mutter als Minus.

3. Schritt – Benutzer-Anwendungsprogramm

Die dritte Stufe ist die Nachpro-grammie-rung nach der Geburt

Ein Anwenderprogramm wie Word, Powerpoint oder Excel verhilft dem Computer zum Leben. Ähnlich beim Menschen – sobald wir geboren werden, wird unsere Programmierungsmöglichkeit um 5 Sinne erweitert: sehen, hören, fühlen, riechen und schmecken. Wenn ein Kind Hunger hat und dieses Bedürfnis befriedigt wird, wird es das als Plus abspeichern. Hat es Hunger und schreit, bekommt aber nichts – wird dies als Minus im Programm abgelegt. Die Note 1 in der Schule oder ein Lob werden als Plus, ein Tadel oder die Note 6 als Minus programmiert. – Die erste Form der Nachprogrammierung bezeichnen wir einfach als Plus oder Minus. Ein weiteres Beispiel: Ein Kind bittet seine Oma um 10 Euro für einen Kinobesuch. Erhält es das Geld, wird das Kind ein Plus abspeichern, geht es leer aus, ein Minus. Jedoch nicht alles wird sofort als Plus oder Minus empfangen, es gibt noch weitere Faktoren. Ein Kind fragt die Mutti, ob es länger aufbleiben dürfe, bei ja ergibt dies ein Plus, bei nein ein Minus. Ein positiv gemeintes ja wird also mit Plus, ein negativ gemeintes nein mit Minus abgespeichert. So spielen die Worte ja und nein für unser Unterbewusstsein eine ganz wesentliche Rolle. Aber nicht alles geht über Worte. Nicht nur Worte werden vom Unterbewusstsein verarbeitet, sondern auch die gesamte Physiologie wie Mimik, Gestik, Körperhaltung usw. Zum Beispiel wird ein strahlendes Gesicht, welches Anerkennung oder Lob ausdrückt, auf der Positiv-Seite verbucht, ein zorniges, das Ärger und Tadel spiegelt, auf der Negativ-Seite. Die Programmierschritte sind hier noch einmal in einer kleinen Übersicht dargestellt:

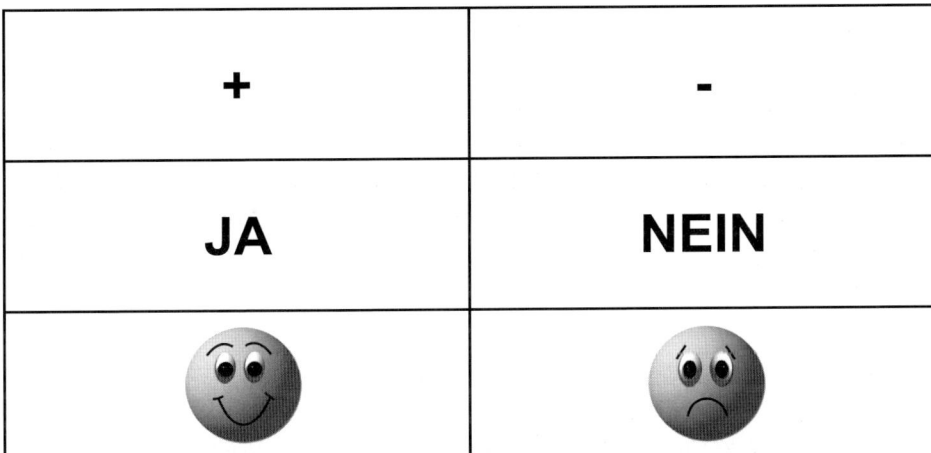

+	-
JA	**NEIN**

Die Chance, die wir aus diesen Erkenntnissen wahrnehmen können, heißt Re-Stimulans. Das heißt: Wir erhalten eine Wahrnehmung von außen, über die Sinne, beispielsweise hören wir etwas. Unser „Computer Unterbewusstsein" sucht und vergleicht nun die „Dateien", die in unserem Unterbewusstsein vorhanden sind dahingehend, ob Ähnliches abgespeichert ist und holt sie ins Bewusstsein. Genauso verfährt ein Computer, wenn er die gesuchte Datei gefunden hat – sie erscheint auf dem Bildschirm. So können wir nun etwas sehen, hören oder fühlen, was wir bereits einmal in ähnlicher Form erlebt haben. Lassen Sie uns diese Erkenntnis an einigen Beispielen durchspielen.

Erfahrungen die unser Unterbewusstsein abgespeichert hat, können jederzeit aufgerufen werden

Beispiel:

Stellen Sie sich eine exotische Frucht vor. Sie sehen Sie zum allererersten Mal. Sie ist lila, hat eine Sternenform und lauter kleine grüne Noppen auf der Oberfläche. Überlegen Sie, was Sie fühlen. Wahrscheinlich nichts, da Ihnen die Frucht nicht bekannt ist. Eventuell erweckt die Frucht Ihr Interesse, aber ein vergleichbares Gefühl wird sich nicht einstellen. Beim Computer wäre dies ähnlich, er würde nach einer Datei suchen, sie aber nicht finden und somit nichts auf dem Bildschirm anzeigen.

Beispiel:

Hier geht es um eine Zitrone. Stellen Sie sich vor, Sie schneiden eine Zitrone in kleine Segmente. Beim Schneiden läuft der saure Zitronensaft über den Teller. Nun nehmen Sie Stück für Stück dieser saftigen, gelbgrünen Zitrone und beißen in das saftige Fleisch. Stellen Sie sich vor, dass der Saft sogar an Ihren Mundwinkeln herunterläuft. Was fühlen bzw. schmecken Sie jetzt? Den meisten wird das Wasser im Munde zusammenlaufen.

Beispiel:

Bevor Sie weiterlesen, gehen Sie bitte an Ihren CD-Player und nehmen Sie eine Ihrer Lieblings-CDs. Eine, zu der Sie früher schon gerne getanzt haben oder die einmal Ihre Lieblingsmusik im Urlaub war. Lauschen Sie in gemütlicher Atmosphäre dieser Musik. Was passiert? Werden Erinnerungen wach, sehen Sie Bilder, stellen sich vielleicht Gefühle von damals wieder ein? Möglicherweise haben Sie noch einen passenden Duft in der Nase oder einen Geschmack auf der Zunge.

All diese Vorgänge liefen bei Ihnen unbewusst ab. Das erste Beispiel soll nicht weiter interessieren, da wir dafür keine unbewusste Vergleichsmöglichkeit hatten. Lassen Sie uns das 2. und 3. Beispiel anschauen. Was unterscheidet diese Beispiele wesentlich? Man könnte sagen, dass die Zitrone sauer und die Musik süß erschien, aber diesen Unterschied allein meine ich nicht. Denken

Sie noch einen Moment über den wesentlichen Unterschied nach. Die Antwort lautet: Der Unterschied liegt darin, dass Sie beim Hören der Musik über das Ohr stimuliert wurden. Sie haben etwas gehört. Die Musik war real. Aufgrund der Musik wurden in Ihnen Bilder und Gefühle ausgelöst. Aber wie war es bei der Zitrone? Sie war nicht real vorhanden – es war nur eine Beschreibung. Ich nehme nicht an, dass Sie in die Küche gegangen sind, um sich wirklich eine Zitrone aufzuschneiden und hineinzubeißen, sondern dass die Wirkung alleine durch die Vorstellung bei Ihnen entstanden ist. Obwohl die Zitrone nicht real war, lief Ihnen dennoch das Wasser im Mund zusammen.

Bitte verdeutlichen Sie dieses Thema durch folgende

Übung:

Nehmen Sie Ihr persönliches Strategieheft, in dem Sie ca. eine Minute lang in Stichworten alle negativen Erfahrungen notieren, die Sie in der letzten Woche machten. Führen Sie diese Aufgabe jetzt durch und lesen Sie erst danach im Buch weiter.

Nun, ich gehe davon aus, dass Sie Ihre Notizen gemacht haben. Wie geht es Ihnen damit? Sehen, hören und fühlen Sie in sich hinein, was dadurch bei Ihnen ausgelöst wurde. Achten Sie dabei auf Ihre Körperhaltung. Wie sitzen Sie? Hängen Ihre Schultern nach vorne, Ihr Kopf nach unten? Ist Ihre Stimmung getrübt, das Lachen aus Ihrem Gesicht verschwunden, fühlen Sie sich matt oder sogar niedergeschlagen? Sie sehen, wie die Macht des Unterbewussten auf Sie wirkt, denn eines ist sicher: Was Sie sich gerade in Stichworten notierten, ist nicht jetzt und nicht im Moment passiert, sondern schon im Laufe der letzten Woche. Was hier zum Tragen kommt, sind einzig die Re-Stimulanzien des Erlebten über Ihre Gedanken.

Übung:

Und nun erinnern Sie sich bitte an erfreuliche Begebenheiten der letzten Woche. Notieren Sie auch hierzu Stichworte, nehmen Sie sich drei Minuten Zeit und prüfen Sie, was in Ihren Gedanken, Ihrer Einstellung und Ihrem Körper vorgeht.

**Ihr Unterbe-
wusstsein
reagiert
sofort auf
Ihre
Vorstel-
lungen und
ruft ent-
sprechende
Zustände
auf**

Oftmals erlebe ich, wie sich Menschen dabei entspannt zurücklehnen, die Schultern locker werden und die Mundwinkel wieder nach oben weisen. Ein Lächeln erscheint, und ein zufriedener Gesichtsausdruck zeigt, welche Bilder und Gefühle sich jetzt gerade in diesen Menschen abspielen. Sicher geht es Ihnen ähnlich, aber dennoch – es ist derselbe Vorgang wie vorher. Diese Erfahrungen haben Sie nicht momentan gemacht, sondern schon vor einiger Zeit, jedoch: Ihr **Unterbewusstsein** hat reagiert und sie in diesem Moment wieder aufgerufen (re-stimuliert). Führen Sie noch eine weitere Übung mit mir durch. Stellen Sie sich folgende Situation vor: Es ist 22 Uhr, das Telefon läutet, sie heben ab, und am anderen Ende sagt jemand: „Hallo, Herr/Frau XY, Ihr Partner ist gerade bei mir und es ist etwas Schlimmes passiert. Er hat..." – und dann unterbricht die Leitung. Was passiert nun? Wie reagiert Ihr Körper? Welche Bilder stellen Sie sich vor? Was spielt sich in Ihrem Unterbewusstsein ab, welche Gefühle stellen sich ein? Was sagen Sie zu sich? Die meisten von uns werden in einer solchen Situation nervös und aufgeregt, sie werden aufstehen, durchs Zimmer laufen. Sie werden alle Bekannten anrufen, um etwas zu erfahren, vielleicht sogar die Polizei oder das nächste Krankenhaus. Man stellt sich das Schlimmste vor, sieht Bilder eines Unfalls, hört Sirenen und Martinshorn und fühlt sich körperlich aufs höchste erregt und angespannt. Wäre die Leitung nicht zusammengebrochen, hätte der Anrufer vielleicht gesagt: „Er hat .... den letzten Bus verpasst. Es wird etwas später, aber ich bringe ihn nach Hause." Wie hätten Sie nun reagiert? Sie hätten sich entspannt wieder in Ihr Sofa gesetzt und gewartet, bis Ihr Partner nach Hause kommt. Sie sehen daran, dass unser Verhalten davon abhängt, in welchem Zustand wir uns befinden, d. h. welche Bilder wir sehen und was wir uns vorstellen. Ich möchte die wichtigsten Erkenntnisse aus diesen Übungen nochmals zusammenfassen:

Unser Unterbewusstsein kann nicht unterscheiden zwischen Wirklichkeit und unserer Vorstellung. Es reagiert in jedem Fall, als wäre es Realität.

Denken Sie nochmals an das Beispiel mit der Zitrone und der CD oder mit den Erfahrungen, die Sie vorhin niederschrieben. Wenn also unser Unterbewusstsein nicht zwischen Realität und Gedanken unterscheiden kann, dann ist es wichtig, dass wir unser Unterbewusstsein mit positiven Gedanken füttern, d. h. möglichst viele Plus in diesem „Computer Unterbewusstsein" abspeichern. Denke positiv und du wirst positiv. Oder wie Frank Bettger sagt: „Lebe begeistert und Du wirst begeistert." Diese Gedanken sind deshalb wichtig, weil Positives im Unterbewusstsein mit Plus abgelegt wird und das Unterbewusstsein in diesem Moment nicht unterscheiden kann, ob es tatsächlich zutrifft oder nur ein Gedanke ist. Deshalb nochmals: Unser Denken ist nichts anderes, als durch Gedanken Aufträge an das Unterbewusstsein zu erteilen, um ihm Informationen zu geben oder zu entlocken. Gedanken sind Aufträge an das Unterbewusstsein. Gedanken sind in uns wirkende Kräfte, die zwischen Bewusstsein und Unterbewusstsein vermitteln. Seien Sie daher Auftraggeber an Ihre Gedanken, Steuermann Ihrer Gedanken und Gefühle, denken Sie positiv. Positives Denken heißt nicht, die Welt durch eine rosarote Brille zu betrachten. Probleme wird es immer geben. Aber vielleicht sollten wir Probleme als Chancen sehen. Probleme sind Chancen im Arbeitskittel. Die Macht der Gedanken ist nichts Neues. 1890 war es der Pionier Patrice Mulford, der bereits in einem seiner Werke feststellte, dass unsere Gedanken unser Schicksal werden können, im Guten wie im Schlechten. In diesem Jahrhundert war der Wissenschaftler Dr. Joseph Murphy einer der größten Verfechter des positiven Denkens. Zur gleichen Zeit schreibt der deutsche Philosoph, Dr. Hans Enders: „Verbinde nie ein negatives Wort mit den Worten 'Ich bin...'". Denken Sie positiv. Erteilen Sie sich selbst immer wieder den Auftrag, positiv zu denken. Wir Menschen wissen nicht, wieviele Minus- und Pluspunkte bereits in unserem Unterbewusstsein abgelegt sind. Geben Sie deshalb möglichst viele Pluspunkte an Ihr Unterbewusstsein weiter. Denn wie uns die Erfahrung zeigt, haben die meisten Menschen im Laufe ihres Lebens einen Überhang an Minus-Erlebnissen gesammelt. Der Unterschied unseres Unterbewusstseins zum Computer ist der, dass sich die abgelegten Daten beim Menschen nicht löschen lassen. Hier bietet der Computer den Vorteil, dass Sie mit einem Mausklick die gesamte Festplatte

Da unser Unterbewusstsein nicht zwischen Realität und Vorstellung unterscheiden kann, müssen wir es mit positiven Gedanken füttern

Schaffen Sie in Ihrem Unterbewusstsein einen Überhang an positiven Erfahrungen. Erkennen Sie Chancen in Problemen!

Sie leben in Ihrer Zukunft das, was Sie heute denken. Übernehmen Sie deshalb die volle Verantwortung für Ihre Gedanken!

löschen, d. h. auf Null stellen können. Dies geht bei uns Menschen leider nicht. Um einen Überhang an positiven Gedanken zu erhalten, muss man sich sukzessive Pluspolaritäten aneignen. Was Sie heute denken, entscheidet über Ihren Erfolg von morgen!

„Das Glück deines Lebens hängt von der Beschaffenheit deiner Gedanken ab."   *Marc Aurel*

Über den richtigen Umgang mit sich selbst

Warum gelingt uns an manchen Tagen alles und an anderen wiederum gar nichts?

Vor kurzem führte ich an einem Tag 5 Verkaufsgespräche, die alle sehr erfolgreich verliefen. Ich war hoch motiviert und fühlte mich großartig. Ich kann mich aber genau an einen anderen Tag erinnern, an dem ich 2 Verkaufsgespräche führte, die einfach nicht meinen Vorstellungen entsprachen, ebenso verliefen alle weiteren Gespräche an diesem Tag. Eine Situation, die Sie vielleicht auch schon erlebt haben. Es gibt Tage, da gelingt nichts und es gibt Tage, da gelingt alles. Aber wir sind doch ein und dieselbe Person, mit denselben Ressourcen und Potenzialen. Warum gibt es diese Unterschiede? Wir wissen, dass Boris Becker oder Steffi Graf Tage hatten, an denen jedes Match hervorragend lief und dass es Tage gab, an denen sie bereits daran scheiterten, dass sie nicht einen einzigen guten Aufschlag zustande brachten. Ich habe kürzlich im Zug eine Schaffnerin erlebt, die unter hoher Anspannung mit einem Fahrgast darüber diskutierte, dass er aus dem Zug aussteigen solle, weil er keine Fahrkarte besaß und sie anstelle seiner Kreditkarte nur Bargeld nehmen könne. Er hatte allerdings so viel Bargeld nicht verfügbar. Es war eine wort- und lautstarke Auseinandersetzung im Gange. Die Schaffnerin war bitterböse und drohte sogar, die Bahnpolizei zu holen. Denken Sie jetzt, dass diese Schaffnerin eine schlechte Frau ist? Ich denke nicht, sie hatte einfach einen schlechten Tag. Womit hängen diese Reaktionen zusammen? Der Unterschied liegt darin, dass wir uns in verschiedenen neurophysiologischen Zuständen befinden und diese unterschiedlich erleben. Es gibt Zustände, die uns beflügeln, z. B. Freude, Begeisterung, Liebe, Vertrauen u.a.m. und es gibt Zustände, die uns lähmen – Frust, Angst, Trauer etc. Und so erleben und empfinden wir diese als gute oder schlechte Zustände.

Könnten wir diese Zustände kontrollieren oder ändern, würden wir auch unser Verhalten ändern. Der Schlüssel für den richtigen Umgang mit uns selbst steckt also im Umgang mit unseren Zuständen oder, anders ausgedrückt, unserer Befindlichkeit. Warum wir in solche Zustände kommen, hängt mit unserer Vorstellung zusammen. Die Vorstellung von den Erkenntnissen, die wir ein Leben lang machten. Es sind Erinnerungen, die wir wie Programme in uns abgelegt haben. Diese Programme werden bereits in frühester Kindheit angelegt und sind unglaublich tief verwurzelt. Sicherlich kennen Sie Menschen, die öfters sagen: „Nie werde ich so wie meine Mutter oder mein Vater." Trifft man diese Menschen nach 20 Jahren wieder, erlebt man häufig, dass sie genau das Verhalten der Eltern übernommen haben, trotz bester Vorsätze. Die Ursache liegt in der festen Verankerung der elterlichen Verhaltensweisen und dem fehlenden Erleben alternativer Verhaltensweisen. Wenn also unsere Eltern immer übermäßig besorgt waren oder wir solches Verhalten bei anderen Personen erlebten, kann oder wird es so sein, dass auch wir uns oftmals übermäßige und unnötige Sorgen machen. Das liegt einfach daran, dass wir nur dieses Verhalten kennen. Wenn Eltern oder andere Bezugspersonen immer misstrauisch waren, haben wir wahrscheinlich diese Eigenart in uns abgespeichert. Doch wodurch entstehen Zustände und was bewirken sie? Wie wird ein Zustand, in dem wir uns jeweils befinden, aufgerufen? Zum einen entsteht er durch unsere innere Kommunikation und zum anderen durch unseren Körperzustand, wie z. B. Haltung, Atmung, Muskelspannung usw. Stellen Sie sich folgendes Beispiel vor: Ihr Partner kommt um einiges später nach Hause. Sie haben von Kindheit an erlebt, dass, wenn jemand zu spät nach Hause kommt, man sich Sorgen machen muss, weil ja etwas Schreckliches passiert sein könnte. Sie befinden sich somit in einem Zustand der Besorgnis. Dieser Zustand wird Ihr Verhalten bestimmen. Sie werden nervös, spielen mit dem Gedanken, Polizei und Krankenhäuser anzurufen, können sich nicht mehr auf das konzentrieren, was Sie gerade tun. Dann endlich, Ihr Partner kommt nach Hause. Jetzt ist Ihr Zustand ein Zustand der Erleichterung. Ihr Verhalten ist dementsprechend gelöst, die Anspannung verschwindet aus Ihrem Körper und ein Gefühl der Wiedersehensfreude macht sich breit. Nehmen wir jetzt die gleiche Ausgangssi-

Der Schlüssel zum richtigen Umgang mit uns selbst, sind unsere Zustände/Befindlichkeiten

Unser(e) Zustand/Befindlichkeit wird gesteuert durch unsere Gedanken und unseren Körperzustand

tuation: Ihr Partner kommt um einiges später nach Hause. Sie allerdings haben früher mitbekommen, dass man misstrauisch sein muss, wenn jemand unentschuldigt später kommt. Es könnte ja sein, dass man betrogen wird. Sie befinden sich in einem Zustand des Misstrauens. Jetzt sieht Ihr Verhalten anders aus, Sie ärgern sich, Sie stellen sich vor, was er oder sie gerade tut und überlegen sich, was sie sagen werden, um die Wahrheit zu erfahren, wenn Ihr Partner zurückkommt. Dann endlich, Ihr Partner kommt nach Hause. Wie ist Ihr Zustand jetzt? Er ist nach wie vor angespannt. Sie möchten sich dennoch nichts anmerken lassen und fragen: „Na, wo kommst Du denn her?" und Ihr Partner hört sofort den angespannten Unterton heraus. Das liegt daran, dass Ihr Zustand immer noch Misstrauen ist, und dieser Zustand Ihr Verhalten steuert. Dies geschieht durch Ihre innere Kommunikation, die Befürchtungen, die in Ihnen Bilder erzeugten, alles, was sie dachten und zu sich selbst sagten, hatte auf Ihren Zustand eine bestimmte Wirkung.

Unsere Vorstellung besteht aus inneren Bildern und innerem Dialog

Unter innerer Kommunikation verstehen wir all das, was wir uns an inneren Bildern vorstellen, wie wir es uns vorstellen, was wir innerlich sagen, hören und wie wir es sagen und hören. Stellen Sie sich deshalb nochmals die Beispiele vor. Welche inneren Worte hören und welche inneren Bilder sehen Sie in der ersten und welche in der zweiten Situation? Diese Bilder und Worte wirken auf unseren Zustand, und wenn Sie sich in die Situation hineinversetzen, werden Sie feststellen, dass auch Ihr Körper sehr angespannt ist, die Atmung kurzatmig wird sowie Blutzirkulation und Adrenalinzufuhr gesteigert sind. Diese physiologischen Vorgänge wirken wiederum auf unseren inneren Zustand, und diese Zustände steuern letztlich unser Verhalten. **Der Zustand ist verantwortlich für das, was wir sagen und tun, also, wie wir uns nach außen verhalten.**

Das soeben beschriebene Zusammenspiel funktioniert auch umgekehrt. Stellen Sie sich vor, Sie sind körperlich verkrampft, Sie sind müde, Ihr Körper schmerzt, vielleicht ist Ihr Blutzuckerspiegel niedrig und Sie sollen nun Ihre Kunden anrufen, um Termine zu vereinbaren. Wie werden diese Telefonate verlaufen, wie wird Ihr Verhalten sein – sofern Sie überhaupt anrufen? Ganz anders dann, wenn Sie sich energiegeladen, fit und ausgeruht ans Telefon setzen. Wie werden Sie sich jetzt verhalten? Auch unser Körperbefinden wirkt auf unseren Zustand und erzeugt dementsprechend positive oder negative Bilder, die wiederum den Zustand beeinflussen. Zustände entstehen nicht von ungefähr, sondern sind Modelle und Programme, die über viele Jahre in unserem Unterbewusstsein abgespeichert wurden, Modelle, die wir von unseren Eltern oder Mitmenschen übernommen haben, Programme, die wir durch das Lesen von Büchern und das Betrachten von Film und Fernsehen in uns angelegt haben. Diese bei jedem Menschen unterschiedlich abgelegten Modelle bestimmen die Vorstellung der Welt jedes Einzelnen, sind Ursachen, weshalb wir Dinge mit Plus oder Minus bewerten. Wer also mit sich selbst richtig umgehen will, muss lernen, bewusst seine Zustände zu steuern bzw. Zustände zu erzeugen, die hilfreich und fördernd sind.

Unsere Vorstellung wird direkt von unserem Körper ausgedrückt

Ein bekannter Bergsteiger erzählte seinem Freund kurz vor seinem Absturz, dass er sich vor Wochen hätte abstürzen sehen. Kurze Zeit später wurde dies zur Realität. Manche sprechen hier von „Vorahnung", aber es ist wieder die „sich selbst erfüllende Prophezeiung". Der Bergsteiger hatte in sich ein Bild davon aufgerufen, was er keinesfalls wollte – nämlich abstürzen. Solche Bilder können sich mithin so stark im Unterbewusstsein verankern und auf den Zustand wirken, dass – bewusst oder unbewusst – ein dementsprechendes Verhalten folgt, und ein kleiner Fehltritt kann dadurch den Tod bedeuten. **Deshalb ist es ganz wichtig, sich auf das zu konzentrieren, was Sie wollen und nicht darauf, was Sie nicht wollen.** Wenn Sie sich vorstellen, dass Sie ein schweres und hartes Verkaufsgespräch zu führen haben und Sie ein dementsprechendes Bild des Kunden vor Ihrem inneren Auge sehen, schon jetzt seine fordernden Worte hören, welches Gefühl entsteht dann bei Ihnen? Suchen Sie die Chance, die in solch

Übernehmen Sie die Verantwortung für Ihren Zustand und bringen Sie sich in förderliche Zustände

einem Gespräch liegt, aber suchen Sie sie bereits vor dem Gespräch. Ändern Sie Ihre Vorstellung und Ihre inneren Sätze, die wie eine CD immer wieder ablaufen. Schaffen Sie sich Bilder und Worte von dem, was Sie haben möchten. Nehmen Sie die entsprechende Körperhaltung ein und wirken Sie so über Ihren Zustand positiv auf Ihr Verhalten, rufen Sie keine Bilder von Dingen auf, die Sie nicht wollen, denn diese wirken unbewusst negativ auf Ihr Verhalten. Menschen, die fruchtbar arbeiten, sind permanent in der Lage, sich schöpferische Zustände zu verschaffen. Unterscheiden sich erfolgreiche von erfolglosen Menschen nicht gerade dadurch, wie sie ihre Zustände erkennen, aufrufen oder verändern können? Erfolgreiche Verkäufer, Manager, Eltern oder auch Trainer haben oft die Fähigkeit, Ereignisse so darzustellen, dass diese in scheinbar hoffnungslosen Situationen dennoch positive Empfangssignale ausstrahlen. Sie bringen sich und andere immer wieder in einen guten Zustand, so dass sie so lange an einer Situation arbeiten können, bis sie schließlich zum gewünschten Ziel kommen. Sicher ist Ihnen mittlerweile verständlich, warum wir uns in einem der vorangegangenen Kapitel so intensiv mit den Glaubenssätzen beschäftigt haben. Unser Glaube und unsere Einstellung erzeugen innere Bilder und innere Worte sowie ein gewisses Körperempfinden, das über unseren Zustand eine direkte Auswirkung auf unser Verhalten hat. **Wer ein exzellenter Beziehungsmanager ist oder werden will, hat die Aufgabe, zuerst mit sich selbst gut umzugehen und dann als Beziehungsmanager mit anderen Menschen zu kommunizieren – eine Beziehung zu managen.** Aber auch unser Gesprächspartner befindet sich in diesem zuvor beschriebenen Prozess, d. h. es besteht die Möglichkeit, dass wir auf Menschen treffen, deren Verhalten nicht so ist, wie wir es gerne hätten, denn auch deren Verhalten wird durch ihren Zustand gesteuert. Häufig möchten wir das Verhalten unserer Mitmenschen ändern – ganz gleich, ob bei Kunden, Kollegen, Mitarbeitern oder Partnern, doch das ist unmöglich. Verhalten ändern kann nur jeder für sich. **Wir können unser Gegenüber lediglich in einen besseren Zustand versetzen, der ihn veranlasst, sein Verhalten zu ändern.** Deshalb ist das Beziehungsmanagement einer der wichtigsten Faktoren des Verkaufens. Ich kann das Kundenverhalten nicht ändern, aber ich kann meinen Kunden über seine innere Kommunikation,

Ein Beziehungsmanager muss sich zuerst selbst in einen guten Zustand bringen und dann seinen Gesprächspartner

d. h. über Bilder und Worte, die er für sich wählt, und/oder die ich bei ihm erzeuge, in seinem Zustand beeinflussen und somit auch auf sein Kaufverhalten einwirken. Wenn Sie bei anderen einen guten Zustand hervorrufen wollen, ist es wichtig, in der Lage zu sein, bei sich selbst einen gewünschten Zustand erzeugen zu können. Wie Sie das erreichen, erfahren Sie im folgenden Kapitel.

Es liegt in Ihrer Hand, wie Sie es sehen

Wie schon oft erwähnt und in einigen Kapiteln detailliert beschrieben, hängt vieles mit unseren Glaubenssätzen und unserer Einstellung zusammen. **Alles auf der Welt hat zwei Seiten.** Gerne frage ich die Teilnehmer im Training nach ihrer Meinung, ob sie Regen für gut oder schlecht erachten. Es gibt immer zwei Meinungen, einige finden Regen schlecht, andere gut. Manche können sich nicht entscheiden, manche finden, dass es situationsabhängig ist – und alle haben recht. Denn so wie ein Sonnenanbeter von einem Regen enttäuscht ist, kann es sein, dass 50 Meter weiter ein Bauer die Hände zum Himmel hebt und Gott dankt, dass es regnet. Es kommt also immer auf die Seite an, von der ich etwas sehen möchte. Viele von Ihnen kennen bestimmt den populären Vergleich mit dem Wasserglas, welches bis zur Mitte gefüllt ist. Die einen sagen, das Glas sei noch halb voll, die anderen finden, das Glas sei schon halb leer. Doch nicht alles auf der Welt ist schwarz oder weiß, nicht alles hat nur zwei Seiten. Besser als nur hell und dunkel zu sehen, ist es, immer noch nach einer dritten Möglichkeit Ausschau zu halten, also mehrere Möglichkeiten in Betracht zu ziehen. Das ist mit Sicherheit oft nicht einfach, aber ein Weg, der uns aus den Sackgassen „gut" oder „schlecht" herausführt oder erst gar nicht zu einer Sackgasse wird. Also suchen Sie immer nach weiteren Möglichkeiten. Als ich dieses Thema einmal mit einem Parlamentarier besprach, sagte dieser mit leichtem Lächeln: „Wir hatten vorgestern eine Parlamentsdebatte – das Ergebnis waren 38 verschiedene Möglichkeiten." Bewerten auch Sie Ihr Handeln nicht nur mit gut oder schlecht, sondern geben Sie den jeweiligen Ereignissen unterschiedliche Bedeutungen bzw. suchen Sie immer nach verschiedenen Möglichkeiten, um Lösungen herbeizuführen. Sehen Sie so viele Bilder wie möglich, dass es Ihnen gelin-

Es gibt immer mindestens drei Möglichkeiten

gen könnte, etwas zu erreichen. Spielen Sie die verschiedensten Bilder und inneren Dialoge durch, um einen positiven Zustand zu erhalten. Welche Möglichkeiten haben Sie, wenn Ihnen das nicht immer gelingt? Was tun, wenn Ihre innere Kommunikation, also Ihre inneren Bilder und Dialoge, immer wieder negativ geraten und Sie dies nicht ändern können? Geben Sie Ihren Gedanken den dafür notwendigen Anstoß. Wenn Sie etwas ändern wollen, ändern Sie Ihren Zustand, Ihr Verhalten oder beides. Es gibt in unserer inneren Kommunikation zwei Aspekte, die wir verändern können. Wir können das ändern, was wir uns vorstellen – d. h., anstatt des Schlimmsten, könnten wir uns das Beste und Angenehmste vorstellen oder wir können verändern, wie wir uns etwas vorstellen. Auf viele Menschen wirkt es motivierend, wenn sie sich etwas als sehr groß vorstellen. Wenn wir uns allerdings etwas, wovor wir Angst haben, als sehr groß vorstellen, dann kann dieser Schuss nach hinten losgehen, wir befinden uns sehr schnell in einem schlechten Zustand. Manche Menschen assoziieren Bilder so stark, als wären sie jetzt selbst in dieser Situation, oder sie hören Worte so deutlich bzw. fühlen so intensiv, als sei die Situation real. Wenn Sie negative Bilder zu groß und wuchtig sehen, wie z. B. bei dem beschriebenen schwierigen Kunden, ändern Sie diese. Machen Sie doch einfach einmal in Gedanken mit:

Marginalie: Was und wie Sie sich etwas vorstellen, können Sie beeinflussen

Übung:

Suchen Sie sich zuerst eine Verkaufssituation, mit der Sie negative Gefühle assoziieren. Erstellen Sie jetzt ein Bild oder einen Film davon vor Ihrem inneren Auge und verkleinern Sie anschließend dieses Bild. Prüfen Sie, ob Ihr Gefühl nun angenehmer und besser wird, bzw. das negative Gefühl nachlässt. Wenn ja, lassen Sie es verkleinert, wenn nein, bringen Sie es wieder auf die ursprüngliche Größe. Nehmen Sie sich ruhig ein bisschen Zeit dafür. Lassen Sie Ihr Bild jetzt dunkler erscheinen und prüfen Sie wieder. Danach schieben Sie es einmal weiter von sich weg – auch hier gilt es festzustellen – besser oder schlechter? Verändern Sie eventuell auch die Farben oder machen Sie Ihr Bild einmal schwarzweiß. Was passiert jetzt mit Ihrem Gefühl? Nun beschäftigen wir uns mit dem Ton. Sie können den Ton laut oder leise, melodisch oder unrhythmisch gestalten, hart oder weich. Probieren Sie alle Möglichkeiten und prüfen Sie dabei, ob sich Ihr Gefühl verbessert.

Sie können Ihre inneren Bilder in Ihren Gedanken vergrößern oder verkleinern, heller oder dunkler schalten, farbig oder schwarzweiß sehen, in die Nähe holen oder in weite Ferne rücken. Bilder, die uns negativ erscheinen, Bilder, die uns hemmen, erscheinen oft groß und dominant. Versuchen Sie einmal, diese Bilder zu verkleinern, auf einen winzigen Punkt zu reduzieren und in schwarzweiß zu sehen. Wandeln Sie Töne und Laute, die Sie ängstigen, in eine nette, freundliche Tonart um. Verändern Sie diese. Drehen Sie, während Sie die unangenehmen Töne hören, wie an einem Lautsprecher, immer leiser und leiser, bis Sie den Ton kaum noch wahrnehmen können. Natürlich funktioniert diese Technik auch, um bereits angenehme Situationen und Vorstellungen noch angenehmer werden zu lassen. Diese Technik wird überall dort angewendet, wo es innere Zustände zu verändern gilt. Sie ist eine Technik aus dem NLP = Neuro-Linguistisches Programmieren. NLP wurde von John Grinder und Richard Bandler in den USA entwickelt. Lassen Sie sich von dem fremd klingenden Kürzel nicht beeindrucken. Es basiert auf den Worten: Neuro = Gedanken, Linguistik = Sprache und Programmieren = die in uns abgelegten Verhaltensweisen/ Programme. NLP bedeutet also, die Verbindung zwischen Gedanken, Sprache und Programmen zu ändern. Es gibt zahlreiche Veröffentlichungen zu diesem Thema, falls Sie mehr darüber wissen möchten. Für uns genügt momentan, dass man innere Bilder, Töne und Worte in der beschriebenen Form ändern kann. Probieren Sie es am besten gleich aus und Sie werden feststellen, dass diese Technik relativ einfach, aber enorm wirkungsvoll ist.

In Ihren Gedanken können Sie alles verändern

Ich möchte Ihnen gerne eine weitere Technik aufzeigen, mit der es Ihnen gelingt, Ihre inneren Zustände und somit Ihr Verhalten blitzschnell zu verändern. Es ist die Technik, etwas in einem anderen Zusammenhang zu sehen, bzw. etwas mit einem anderen Rahmen zu umgeben. Eine Technik, mit der Sie einem Vorgang schnell eine andere Bedeutung geben können – die Technik des Umdeutens. Wie schon vorher erwähnt, ist die Frage, ob ein Glas halb voll oder halb leer ist, eine Frage der Perspektive, eine Fra-

Eine Situation positiv zu beurteilen, bedeutet nicht, realitätsfremd zu sein

ge, wie ich es sehen möchte. Wenn mir jemand sagt, das Glas sei halb leer, kann ich einfach dadurch, dass ich den Blickwinkel ändere bzw. die Situation umdeute, ein anderes Bild erzeugen. Ich kann genauso gut sagen, dass das Glas halb voll ist. Wenn ich nun etwas Persönliches an mir ändern will, muss ich einfach, die Perspektive ändern. Wenn ich negative Glaubenssätze in positive formulieren möchte, heißt es ebenfalls, die Perspektive zu ändern. Oftmals sind die größten Probleme die besten Gelegenheiten für eine Änderung.

Es ist nicht entscheidend, was in unserem Leben passiert, sondern wie wir darauf reagieren

Wer also ein Ergebnis als Misserfolg deutet, tut dies in seiner Vorstellung, also in seinem Denken. Dieses Misserfolgsdenken hat negative Vorstellungen, also negative Bilder und Worte zur Folge und erzeugt somit einen schlechten Zustand, der wiederum direkt auf das Verhalten wirkt. Negative Bilder und negative Worte ergeben einen negativen Zustand, der als Folge ein häufig unerwünschtes und lähmendes Verhalten hervorruft. Deshalb bedenken Sie immer, es gibt keine Misserfolge, sondern nur Ergebnisse. Wie Sie diese Ergebnisse werten, hängt von Ihnen ab, was Sie daraus machen, ist einzig und allein Ihre subjektive Wahrnehmung. Angenommen, Sie würden ein Beratungsgespräch so „in den Sand setzen", dass sich Ihr Kunde bei Ihrem Vorgesetzten beschwert – wie schnell sprechen Sie dann von einem Misserfolg. Sie fühlen sich deprimiert, gekränkt, sind auf den Kunden vielleicht sogar zornig, auf alle Fälle lief alles schief – und das ist kein Erfolg – also ein Misserfolg. Ich behaupte, diese Einstellung ist falsch. Vielleicht haben Sie genau aus dieser Situation etwas gelernt, etwas erkannt. Vielleicht war diese Situation eine Chance, Ihr Verhalten neu zu überdenken, welches Sie sonst gar nicht so bewusst wahrgenommen hätten. Die Situation ist also lediglich ein Ergebnis, entscheidend ist, wie Sie die Bewertung vornehmen. Ob etwas ein Unglück ist, wird allein durch Ihre eigene Deutung des Ereignisses bestimmt.

Wenn wir etwas negativ sehen, haben wir

1. **negative** Gedanken, die uns
2. in einen **schlechten** Zustand bringen, so dass wir uns
3. **hindernd** verhalten.

Dies gilt natürlich auch umgekehrt, wenn wir etwas positiv sehen, dann bringt uns das

1. **angenehme** Gedanken, die uns
2. in einen **guten** Zustand versetzen, in dem wir uns
3. **fördernd** verhalten.

Wenn Sie etwas negativ sehen, fragen Sie sich stets: „Was kann an dieser Situation Gutes sein?" Ein Kunde kommt kurz vor Geschäftsschluss und bittet um eine Beratung. Wenn Sie sich ärgern, wenn Sie daran denken, dass Sie zu spät nach Hause kommen, wenn Sie Ihren Freizeitplan zusammenbrechen sehen, dann wird sich all das negativ auf Ihren Zustand auswirken. Da dieser Zustand Ihr Verhalten bestimmt, kann es leicht passieren, dass Ihr Kunde dies bemerkt, selbst wenn Sie es ihm nicht zeigen wollen. Wenn Sie sich Ihrem Kunden gegenüber als professioneller Beziehungsmanager verhalten wollen, müssen Sie sich ein positives Bild aus dieser Situation schaffen. Vielleicht sehen Sie es so, dass Sie Ihrem Kunden noch heute helfen, seine notwendigen Geldgeschäfte zu tätigen, dass Sie ihm all das geben, was er jetzt im Moment braucht, um zufrieden nach Hause zu gehen. Allein durch das Ändern Ihrer Gedanken werden Sie sich in einem positiven Zustand befinden, wodurch sich Ihr Verhalten dem Kunden gegenüber offen und freundlich gestaltet. Und jetzt stellen Sie sich vor, ein Kunde möchte eine Beratung außerhalb der Öffnungszeiten, evtl. bei sich zu Hause. Wenn Sie diese Sache nur als Freizeitproblem und zusätzliche Belastung sehen, kann Ihr Kunde diese Unlust eventuell spüren, denn Ihre Gedanken drücken sich in Ihrem Verhalten aus. Deshalb nehmen Sie es als Chance. Sehen Sie es anders! Ändern Sie Ihren Blickwinkel, ändern Sie Ihre Perspektive. Vielleicht ist es eine Möglichkeit, den Kunden besser kennenzulernen, ihn in seiner persönlichen, privaten Umgebung zu erleben. Vielleicht ist es eine Chance, einmal eine ungestörte persönliche Beratung ohne Zeitdruck durchzuführen. Ganz gleich, wie Sie es auch sehen, **Sie entscheiden, ob Sie dieser Sache eine positive oder negative Einstellung abgewinnen können.**

Fragen Sie sich stets: „Was ist an dieser Situation Gutes?"

Sie allein entscheiden, wie Sie eine Situation sehen wollen

Selbst wenn ein Kunde nach einer guten Beratung nicht bei Ihnen abschließt, lassen Sie sich nicht den Tag verderben, indem Sie sich in einen negativen Zustand versetzen. Natürlich können Sie sich ärgern, dass Sie viel Zeit investiert haben und keinen Abschluss erzielten. Aber, es ist, wie es ist, ganz gleich, ob Sie sich ärgern oder nicht. Versuchen Sie es doch einmal damit, der Sache eine andere Bedeutung zu geben. Sie könnten sich beispielsweise sagen: „Heute habe ich meinem Kunden einen guten Überblick über alle Möglichkeiten gegeben. Sicher ist er zufrieden und fühlt sich gut betreut. Wer Gutes gibt, wird auch Gutes bekommen. Eine Geschäftsbeziehung geht schließlich über eine lange Zeit."

Wenn Sie dieses zu sich sagen, welche Gefühle entstehen jetzt? Sie werden sich in einen positiven Zustand bringen und sich somit positiv verhalten. Sie werden nicht schlecht gelaunt und innerlich blockiert sein, sondern offen und ausgeglichen für das nächste Kundengespräch bereit sein. Die Technik des Umdeutens besteht darin, die Fähigkeit zu erlangen, die es Ihnen ermöglicht, bessere Resultate zu erzielen. Führungspersönlichkeiten sowie alle erfolgreichen Beziehungsmanager sind Meister dieser Umdeutungstechnik. Sie wissen, dass man jedes Ereignis zu einer Gelegenheit für neue Erfahrungen und Chancen macht, die Menschen motivieren und inspirieren können. Eine kleine bekannte Anekdote erzählt von dem Verkäufer, dessen verhängnisvoller Fehler die Bank ca. 1 Million Dollar gekostet hat. Als er in das Büro des Geschäftsführers gerufen wurde, sagte der Angestellte: „Ich gehe davon aus, dass Sie jetzt meine Kündigung erwarten." Doch der Geschäftsführer sah ihn an und sagte: „Sie scherzen wohl? Wieso Kündigung, wo wir gerade 1 Million für Ihre Ausbildung ausgegeben haben." – Allerdings gibt es auch Menschen, die Ereignisse umgekehrt, d. h. negativ umdeuten. Ganz gleich, wie schön der Tag auch ist, sie sehen ein Wölkchen und lassen es manchmal sogar noch etwas regnen. **Doch für jedes Verhalten, das uns stört und für jede Einstellung, die uns hindert, gibt es die Möglichkeit, diese wirkungsvoll umzudeuten, die Perspektive zu ändern.** Vielleicht gibt es Dinge, die Ihnen nicht gefallen, dann ändern Sie sie. Gegebenenfalls erreichen Sie nicht das von Ihnen gewünschte Ergebnis, dann überprüfen Sie die Situation und unternehmen Sie etwas

Verändern Sie, was Ihnen nicht gefällt

dagegen.

Es genügt nicht, etwas nur zu wollen, Sie müssen es auch kontinuierlich angehen und umsetzen.

Wie Sie Probleme in Chancen umwandeln können

Wie gerade beschrieben, ist es Ihre eigene Entscheidung, ob Sie die Welt als schlecht oder gut sehen. **Ein Pessimist sieht bei jeder Gelegenheit eine Schwierigkeit – ein Optimist sieht bei jeder Schwierigkeit eine Gelegenheit.** Was tun, wenn die eigene Deutung der Ereignisse nicht positiv, sondern negativ ausfällt. Wie ist das zu ändern? In unseren Trainings führen wir oft folgende Übung in vier Schritten durch, die ich Ihnen für eine solche Situation gerne empfehlen möchte:

1. Notieren Sie Ihre Probleme auf ein Blatt Ihres persönlichen Strategieheftes. Sammeln Sie alles, was Sie belastet, in Stichworten. Verlagern Sie Ihre Gedanken aus dem Kopf auf das Papier und machen Sie Ihren Kopf frei.
2. Formulieren Sie nun jedes Problem als einen Satz und schreiben Sie ihn nieder. Bringen Sie somit Ihr Problem auf den Punkt, strukturieren Sie es. Sie werden feststellen, dass sich Ihr Problem bereits mit dem Formulieren verändert hat, es erscheint meist nicht mehr allzu schwer.
3. Dieser Teil ist der kreativste: Stellen Sie sich vor, Ihr(e) Freund/ Freundin käme mit einem solchen Problem – was würden Sie empfehlen? Überlegen Sie, welche Lösungsmöglichkeiten es geben könnte. Bei Freunden und Bekannten sind wir schnell mit Lösungsvarianten zur Hand, wenn wir um Hilfe gebeten werden. Doch bei uns selbst ist es oft so, dass wir blockiert sind, weil das Problem uns so stark beschäftigt, dass wir nicht gleichzeitig über Lösungen nachdenken können. Notieren Sie deshalb Ihre entsprechenden Lösungssätze, d. h. das umformulierte Problem unter dem Aspekt möglicher Lösungen.
4. Beginnen Sie sofort mit der Umsetzung bzw. mit der Teilumsetzung.

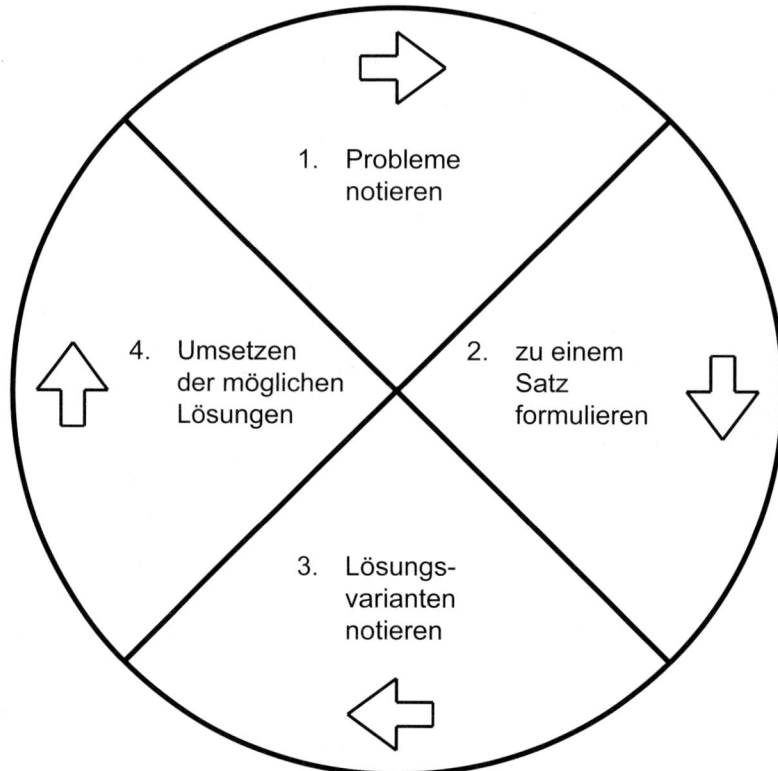

Abb. 4: Die vier Schritte zur Lösung eines Problems

Vier einfache Schritte, wie Sie Ihre Gedanken von einer Problemsituation in eine lösungsorientierte Ausrichtung bringen können. Ich möchte dies an einem Beispiel verdeutlichen:

zu Schritt 1: Probleme notieren.

— Zu wenig Umsatz.
— Streit mit dem Partner.
— Bin unsicher im Verkaufsgespräch... usw.

zu Schritt 2: Formulieren des Problems.

— Ich brauche in diesem Quartal noch 150.000 Euro Verkaufsumsatz.
— Mir fehlt im Moment der Schwung, weil ich Streit mit meinem

Partner habe.
— Ich fühle mich beim Kundengespräch unsicher und habe Angst, neue Kunden anzusprechen.

zu Schritt 3:   Umformulieren der Problemsätze in lösungsorientierte Sätze.

— Ich werde jeden Monat mehr als 50.000 Euro Verkaufsumsatz erzielen. Ich sehe eine Chance darin, wenn ich jeden Tag einen zusätzlichen Termin ansetze und, um dieses zu erreichen, dazu 3 Bestandskunden anspreche, um nach weiteren Verkaufsmöglichkeiten zu suchen. usw...
— Ich werde mit meinem Partner eine Aussprache suchen. Am Samstag lade ich sie/ihn zum Essen ein. Ich werde ihr/ihm eine Rose schenken. Ich werde sie/ihn zuerst (!) nach ihrer/seiner Meinung fragen und genau zuhören, ohne zu unterbrechen. Ich will die Chance wahrnehmen, eine rasche Lösung unseres Problems herbeizuführen. usw...
— Ich werde jeden Tag eine Kaltakquisition durchführen. Ich werde mich sorgfältig darauf vorbereiten. Die Chance, zu verkaufen, ist immer gegeben. Mehr als ein „nein" zu erhalten, kann mir nicht passieren. Ich nehme die Chance wahr, daraus zu lernen und meine Selbstsicherheit zu festigen. Je öfter ich das tue, desto weniger Angst werde ich davor haben. usw...

zu Schritt 4: Umsetzung

—   Nehmen Sie sich jetzt Teilschritte Ihrer notierten Ideen vor, tragen Sie sie in Ihrem Kalender oder Zeitplanbuch ein, um sie Stück für Stück zu realisieren.

Übung:

Nehmen Sie Ihr persönliches Strategieheft zur Hand und gehen Sie nach diesen vier Schritten vor. Notieren Sie alles, was Sie hemmt und belastet. Schreiben Sie sich den Kopf frei, indem Sie alle Probleme und Problemchen niederschreiben. Gehen Sie die vier Schritte nacheinander durch.

Sie werden feststellen, wie angenehm es ist, sich mit möglichen Lösungen zu beschäftigen. Die Effizienz dieser einfachen Technik liegt in der Beschäftigung mit positiven Gedanken. Wenn wir uns mögliche Lösungen innerlich vorstellen, entstehen innere Bilder dieser Möglichkeiten, bzw. ein innerer Dialog der positiven Möglichkeiten. Sie beschäftigen sich mit dem, was Sie erreichen wollen und nicht mit dem, was Ihnen missfällt.

Zum Schluss dieses Kapitels noch zwei Nachrichten, eine gute und eine schlechte. Vielleicht die schlechte zuerst. Sie müssen es nur noch umsetzen. Und nun die gute: Sie müssen es nur noch umsetzen. Also, beginnen Sie jetzt.

Kurz zusammengefasst:

— Denken Sie positiv. Schaffen Sie sich einen Überschuss an Pluspolen.
— Restimulieren Sie sich Ihre Erfolgserlebnisse.
— Bringen Sie sich in einen TOP-Zustand.
— Das Verhalten anderer kann man nicht ändern. Helfen Sie Ihrem Kunden, einen guten Zustand zu erreichen.
— Ändern Sie Ihre inneren Bilder und Worte so lange, bis sie für Sie angenehm und motivierend sind.
— Es ist Ihre Entscheidung, wie Sie etwas sehen wollen. Entweder Sie ändern die Situation oder Ihre Einstellung dazu.
— Beschäftigen Sie sich immer mit dem, was Sie erreichen wollen und nicht mit dem, was Sie nicht wollen.

Meine wichtigsten Erkenntnisse:

_____

_____

_____

_____

_____

_____

_____

_____

So setze ich das Gelesene konkret in die Praxis um:

_____

_____

_____

_____

_____

_____

_____

Kapitel 4: Lieben Sie das, was Sie tun

Nach zehnjähriger Tätigkeit in den verschiedensten Bereichen einer Bank übernahm ich die verantwortungsvolle Tätigkeit der Kreditüberwachung. Meine Aufgabe war die Überprüfung aller Kredite sowie die Endkontrolle der Kreditakten. Ebenfalls bearbeitete ich alle Beitreibungsfälle und die Durchführung gerichtlicher Mahnverfahren bis hin zur Zwangsversteigerung. Ein weiterer wichtiger Teil dieser Tätigkeit bestand in der Analyse der Bilanzen, alles in allem eine sehr interessante Aufgabe mit hohem Anforderungsprofil und großer Anerkennung. Ich arbeitete auf diesem Gebiet sehr erfolgreich, kündigte aber dennoch nach drei Jahren und begann meine Tätigkeit als Verkäufer von Bausparverträgen. Diese Tätigkeit entsprach nicht unbedingt dem, wofür ich eine solch qualifizierte Ausbildung benötigte, und dennoch fühlte ich mich wohl. Die Arbeit machte mir großen Spaß, und ich war rasch erfolgreich. Innerhalb kürzester Zeit wurde ich Bezirksleiter.

Was hier passiert war, konnte ich erst nach einiger Zeit bei mir selbst feststellen. Die Antwort ist relativ einfach, denn die Arbeit innerhalb der Kreditüberwachung brachte mir zwar viel Anerkennung und eine gute Bezahlung, aber ich hatte fast ausschließlich mit Zahlen und Bilanzen zu tun, und gab es einmal Kundenkontakte, waren sie meist negativ: Anmahnen, beitreiben von überfälligen Geldern und sogar die Durchführung von Zwangsversteigerungen. Ich hatte also wenig positive Kontakte mit Menschen. Da ich aber gerne mit Menschen arbeite und Positives veranlasse, fehlte mir in dieser Abteilung die innere Motivation und Zufriedenheit. Wie Sie hier sehen können, haben mich meine inneren Bilder und Dialoge in einen negativen Zustand versetzt und dies über einen längeren Zeitraum. Damals kannte ich all die im Buch beschriebenen Zusammenhänge noch nicht und wusste nichts von der Macht, die diese Zustände über uns haben. Das Ergebnis war: Ich wechselte in einen Beruf, in dem ich wieder positiv mit Kunden arbeiten konnte.

Was ich damit sagen möchte, ist, suchen Sie sich Ihre Arbeit nicht nur nach Position und Anerkennung, sondern suchen Sie Ihre Tätigkeit nach Ihrer Neigung. Lieben Sie Zahlen? Dann arbeiten Sie in der Buchhaltung oder Revision. Haben Sie Organisationstalent? Dann arbeiten Sie beispielsweise im Personalbereich. Wenn Sie aber den Umgang mit Menschen lieben, dann sollten Sie sich eine Tätigkeit im Verkauf, Service oder Beratungsbereich suchen. Lieben Sie das, was Sie tun und tun Sie das, was Sie lieben.

Machen Sie Ihr Hobby zum Beruf

In einem offenen Verkaufstraining begegnete ich einmal einem Teilnehmer, der außer sich selbst nichts liebte. Er fragte mich, wie er morgen sofort mehr verkaufen könne, erklärte mir aber gleichzeitig, dass er ein Produkt vertrete, das absolut unnötig und nicht marktgerecht sei. Ein Produkt, das man nur sehr schwer bzw. so gut wie gar nicht verkaufen könne, weil es eh schon alle hätten. Im selben Atemzug sprach er davon, dass er viele unangenehme Kunden und Nörgler hätte, und die meisten würden ihn so schlecht behandeln, dass er erst gar nicht dazu käme, sein Produkt vorzustellen. Die Namen der Kunden waren ihm auch nicht wichtig, aber er wusste, dass die Kunden seinen Namen gut behalten würden, denn er hatte denselben Namen wie eine große deutsche Persönlichkeit. Nachdem ich mir das alles angehört hatte, war mir klar: Dieser Mann liebte überhaupt nichts an seiner Tätigkeit, weder Produkt, noch Kunden, noch das Verkaufen. Es dauerte nicht lange, bis er selbst erkannt hatte, dass er im falschen Beruf tätig war. Die Folge war: Er beendete seine Verkaufstätigkeit. Was ich mit diesem Beispiel verdeutlichen möchte, ist, dass Sie nur dann zufrieden und erfolgreich sein werden, wenn Sie eine Tätigkeit ausüben, die Sie lieben. Wenn Sie in der Kundenberatung bzw. im Verkauf tätig sind und nicht gerne mit Menschen umgehen oder unter dem Druck der Zielvereinbarungen keine Beratungen durchführen wollen, dann überprüfen Sie, ob es für Sie vielleicht besser ist, in der Organisation, in der Entwicklungsabteilung oder im Innendienst zu arbeiten. Lassen Sie es nicht zu, dass Sie von Unlust befallen werden und nur noch Ihren Dienst tun oder Ihren Job absitzen. Wenn Ihnen der Druck zu stark wird, werden Sie keine Freude mehr an Ihrer Tätigkeit haben und Sie werden wenige Perspektiven in diesem Bereich sehen. Schlimmstenfalls bekommen Sie vielleicht noch ein Magengeschwür und fragen sich am Ende: „Warum mache ich das alles?" Prüfen Sie Ihre Entschei-

Es ist nicht wichtig, was wir tun, sondern dass wir es mit Freude tun

Die Liebe zu Ihrer Tätigkeit setzt Engagement und Begeisterung frei

dungen und prüfen Sie Ihre Tätigkeit sehr sorgfältig daraufhin, ob Sie sie gerne ausüben. Wenn Sie Ihre Arbeit gerne, mit Liebe und Engagement ausüben, ist es gut für Sie selbst, gut für Ihren Arbeitgeber/Vertragspartner, aber ganz besonders gut für Ihre Kunden. Treffen Sie die richtige Entscheidung!

Was Sie verkaufen, sollten Sie grundsätzlich kennen

Die Zeiten des „Über-den-Tisch-Ziehens" sind vorbei, Ihre Kunden sind heute bestens informiert, z. B. durch Fernsehsendungen wird die Situation in verkaufsaktiven Firmen ausführlich dargestellt. Diese oftmals einseitige Berichterstattung sorgt für Einschaltquoten. Auch wenn die Aussagen manchmal nicht objektiv sind oder sich nur auf einen Einzelfall beschränken, werden sie dennoch vom Kunden gerne gesehen und auch geglaubt. Nicht genug damit, denn zu den TV-Informationen kommen zusätzlich die Printmedien, speziell solche, die gerne testen, wie „Stiftung Warentest", „Capital", „Impulse", „Stern" usw. Der Kunde freut sich über solche Tests, liest sie gerne und fühlt sich in seiner kritischen Haltung bestätigt.

Erweitern Sie regelmäßig Ihr Wissen. Nehmen Sie sich Zeit zum Lesen!

Qualifizieren Sie Ihr Wissen, halten Sie sich auf dem Laufenden und verkaufen Sie nur das, was Sie auch grundsätzlich kennen. Viele Vollanbieter haben dreißig und mehr Produkte in ihrem „Bauchladen", die sie ihren Kunden anbieten. Dass jeder Mitarbeiter dreißig und mehr Produkte zu 100 Prozent beherrscht, dürfte mit Sicherheit schwerfallen, weshalb manche Firmen gerne Spezialisten einsetzen. Während des Trainings in einem Unternehmen wurde die Angebotsstruktur geändert und man hat den Kunden-Teams nur noch zwölf Produkte zugeteilt, die diese ihren Kunden anbieten sollten. Ich glaubte, dass sich die Mitarbeiter über die Straffung der Produktpalette freuen würden. Weit gefehlt. Es kam fast einem kleinen Aufstand gleich. Die Verkäufer und Berater fühlten sich überqualifiziert, ich hörte oft die Aussage, dass man ja keine so hochqualifizierte Ausbildung brauche, um nur zwölf Produkte anzubieten. Heute sind viele dieser Mitarbeiter aber viel zufriedener, da sie eine überschaubare Produktpalette betreuen, die sie auch fachlich gut beherrschen. Es ist viel leichter, mit dem Kunden über Produkte und Dienstleistungen zu sprechen, die man detailliert beherrscht als immer wieder im Trüben zu fischen und vage Aussagen zu treffen. Deshalb mein Vorschlag: Machen Sie sich in Ihren Produkten so fit wie nur irgend möglich, lesen Sie die Informationen und Änderungen und halten Sie Ihr Wissen permanent auf dem neuesten Stand.

Übung:

Entwickeln Sie in Ihrem persönlichen Strategieheft einen Plan, der es Ihnen ermöglicht, regelmäßig Produkt- und Verkaufsinformationen zu sehen oder zu hören, und übertragen Sie die wichtigsten Erkenntnisse in Ihre aktuellen Kunden-/ Verkaufsunterlagen. Wenn möglich, fixieren Sie hierzu einen regelmäßigen, festen Termin und tragen Sie diesen in Ihrem Terminplaner vor.

Ihre Identifikation mit Ihren Produkten bestimmt den Erfolg

Gute Kundenberater und Verkäufer kennen ihre Produkte, über die sie viel oder gar alles wissen und die sie zielgerichtet anbieten. Aber auch hier stellt sich die Frage: Findet der Berater das Produkt auch persönlich gut? Die Frage ist, wie Sie ein Produkt sehen, oder wie Sie sich mit diesem Produkt identifizieren. Denken Sie an den Abschnitt „Problem oder Chance". Alles hat zwei Seiten. Wenn ich beispielsweise in Testergebnissen lese, dass ein Produkt meiner Angebotspalette teuer ist, kann es sein, dass ich dieses Produkt nicht gerne oder überhaupt nicht anbiete. Manchmal vergessen wir dabei jedoch die andere Seite zu überprüfen. Vielleicht hat dieses Produkt einen außergewöhnlich hohen Qualitätsstandard bzw. auffallend lange Garantiezeiten. Diese Ergebnisse werden leider häufig in solchen Tests nicht veröffentlicht. Können diese qualitativen Vorteile bei bestimmten Kunden in besonderen Situationen nicht von gravierendem Vorteil sein? Seien Sie nicht der Hellseher, der im voraus für den Kunden entscheidet. Bieten Sie ihm Ihr Produkt an und erkennen Sie, worin er seine Vorteile sieht. Wenn Sie mit der Identifikation eines Produktes einen Zielkonflikt

Wen wollen Sie anzünden, wenn Sie selbst nicht brennen?

mit sich selbst auslösen, dann probieren Sie einmal folgende Vorgehensweise:

1. Suchen Sie die Vorteile, die Sie aus dem Angebot Ihres Produktes/Ihrer Dienstleistung ziehen können. Überzeugen Sie sich selbst, welchen Nutzen Sie davon haben, wenn Sie das Produkt verkaufen.

Werden Sie zum Nutzensammler

2. Suchen Sie Vorteile und Nutzen für Ihre Kunden. Jedes Produkt und jede Dienstleistung hat mehr als einen Vorteil, sonst wäre es längst vom Markt verschwunden. Sammeln Sie mindestens zwanzig Vorteile für Ihre Kunden.

3. Überlegen Sie sich ganz konkrete Situationen oder Konstellationen, in denen genau dieses Produkt von absolutem Vorteil ist. Es gibt immer Situationen, in denen es hundertprozentig passt.

4. Nutzen Sie die Chance, eventuelle Nachteile von der anderen Seite zu sehen, also umzudeuten. Überlegen Sie sich den Vorteil aus dem „vermeintlichen" Nachteil.

Die Identifikation mit Ihrem Unternehmen bringt Ihnen Erfolg

Als angestellter Verkäufer, selbstständiger Handelsvertreter oder freier Vertragspartner eines Unternehmens bewegen Sie sich in vorgegebenen Regeln, wie z. B. Marketingpolitik, Preispolitik, Kundenpolitik usw. Wie sehen Sie Empfehlungen und Entscheidungen Ihres Arbeitgebers/Vertragspartners, dessen Produkte Sie verkaufen wollen und von dessen Verkaufserlös Sie leben? Tragen Sie sie mit oder sind Sie eher konträr eingestellt? Wenn Verkaufsempfehlungen ausgesprochen werden, vertreten Sie diese oder empfehlen Sie Ihrem Kunden, das Gegenteil zu tun? Vor allem, was erzählen Sie Ihrem Kunden darüber? Nicht immer können wir die Geschäftspolitik, Vertriebspolitik oder Preispolitik nachempfinden und vertreten eigentlich eine andere Auffassung. Aber ist es nicht immer so, dass Menschen unterschiedliche Meinungen haben? Vielleicht sollten wir alle etwas toleranter werden im Umgang mit anderen Meinungen. Bevor die Geschäftsleitung sich z. B. für eine bestimmte Vertriebspolitik entschieden hat, gab es sicherlich viele Überlegungen, Sitzungen und eine Menge komplexer Aspekte, die zu berücksichtigen waren. Kennen wir all diese Bedingungen, die Grundlage für die eingeschlagene Richtung sind? Oftmals kennen wir sie nicht und kommen leichtfertig zu dem Urteil: „Das ist doch alles Mist, was die da wieder entschieden haben, die wissen ja gar nicht, was hier an der Kundenfront los ist."

Eine Einstellung, die Sie über Ihr Unterbewusstsein in einen abwehrenden Zustand versetzt. Überlegen Sie einmal: wenn Sie selbst von den Unternehmungen Ihrer Firma nicht überzeugt sind, wie können Sie dann Ihren Kunden davon überzeugen? Wenn Sie die Preispolitik als falsch betrachten, dann kommt es schnell zu Gedanken oder gar Aussagen wie: „Wir sind immer teurer als alle anderen!" Sicher kann diese Aussage so nicht zutreffen, sonst wäre Ihr Unternehmen längst pleite gegangen. Aber man ist schnell mit Pauschalurteilen bei der Hand, zu leicht wird generalisiert. Denn die Frage: „Sind Sie immer teurer – und zwar teurer als alle anderen Anbieter?", wird sich mit Sicherheit nicht bestätigen lassen. Es gibt überall in der Wirtschaft „gute und schlechte Zeiten". Das heißt Zeiten, in denen unser Angebot gut ist, und Zeiten, in denen wir etwas ungünstiger liegen. Dieses unterliegt einem permanenten Wechsel. Was ist zu tun, damit Sie nicht zum Generalisierer werden?

Überzeugen durch Überzeugung

1. Hinterfragen Sie selbst den vermeintlich negativen Punkt. Manchmal lesen oder hören wir die Meinung eines einzelnen und neigen dazu, diese eine Meinung als allgemeingültig gelten zu lassen. Prüfen Sie die vermeintlichen Nachteile auf ihre Richtigkeit.

2. Wenn Sie ein oder zwei günstigere Angebote vorliegen haben, vergleichen sie nicht nur diese beiden miteinander, sondern die Angebote aller Mitbewerber. Vergleichen Sie also viele Angebote.

3. Fragen Sie sich und Ihre Kollegen, warum Kunden dennoch Geschäfte bei Ihnen abschließen. Worin liegt der Grund und welche Vorteile haben diese Kunden für sich daraus gezogen? Wie können Sie dies auf Ihren Bereich übertragen?

Gemeinsam sind wir stark

Identifizieren Sie sich mit Ihrem Unternehmen. Treten Sie nach außen gemeinsam auf, vertreten Sie Entscheidungen Ihres Hauses als die Ihren. Prüfen Sie die Vorteile, die Ihnen Ihre jetzige Tätigkeit bieten. Sicher werden Sie genügend Argumente finden.

Fragen Sie nicht, was Ihre Firma für Sie tun kann, sondern was Sie für Ihre Firma tun können

Zum Schluss meine Bitte, äußern Sie sich niemals in Gegenwart Ihres Kunden negativ über Ihren Arbeitgeber/Vertragspartner, wie zum Beispiel: „Das ist deren Preispolitik! Ich kann nichts dafür." Schuldzuweisungen und Schuldverteilung auf andere haben noch keinen Kunden beeindruckt. Welche Bilder werden solche Aussagen bei Ihrem Kunden entstehen lassen? Denken Sie an die Grundsätze des Erfolgs. Sprechen Sie ehrlich mit Ihrem Kunden über die Situation und übernehmen Sie die volle Verantwortung für das, was Sie anbieten. Bauen Sie mit Ihrem Kunden ein gutes Beziehungsmanagement auf, damit es Ihnen leichtfällt, auch schwierige Situationen professionell zu meistern.

Mehr Erfolg durch die Identifikation mit der Verkaufstätigkeit

Im Alter von 24 Jahren erlebte ich eine meiner größten Enttäuschungen im Verkauf. Ich war seit einigen Jahren mit einem Friseur befreundet. Wir unternahmen vieles gemeinsam und sahen uns regelmäßig. Eines Tages kam er freudestrahlend auf mich zu und erzählte mir, dass er etwas ganz Tolles entdeckt habe. Auf meine neugierige Frage, was es sei, berichtete er mir, er habe jetzt herausgefunden, dass es eine dynamische Versicherung gäbe, die ihm viele Vorteile bieten würde und die er bereits in beträchtlicher Höhe abgeschlossen hätte. Ich beglückwünschte ihn zwar zu der Entscheidung, war aber innerlich enttäuscht, denn mein Freund wusste ja seit Jahren, dass auch ich damals bei einer Bank arbeitete. Ich hatte seit langem eine dynamische Lebensversicherung für mich selbst und war davon überzeugt, dass dies eine gute Sache sei. Als ich mir die Situation zu Hause nochmals überdachte, spürte ich gleich noch eine Enttäuschung. Ich stellte fest, dass die Schuld, dieses Geschäft nicht gemacht zu haben, einzig und allein bei mir lag. Welches Bild hatte ich denn meinem Freund vermittelt? Ich war Banker. Ich hatte niemals erwähnt, dass ich auch Versicherungen und Bausparverträge verkaufen würde, sondern habe immer nur über meine guten Leistungen im Bankbereich erzählt. Woher hätte er wissen können, dass er eine solche Versicherung auch bei mir hätte abschließen können? Diese Erkenntnis hat mein Verkaufsverhalten nachhaltig beeinflusst, von diesem Tage an habe ich mit meinen Kunden über alle Möglichkeiten der Finanzanlagen gesprochen. Ich hatte ja nicht nur Versicherungen, sondern auch Bausparverträge für mich abgeschlossen, und dadurch war es relativ unproblematisch, mit den Kunden über etwas zu sprechen, was ich persönlich vertreten konnte und auf das ich persönlich stolz war.

An dieser Stelle möchte ich noch einmal an das Beispiel des Mitarbeiters erinnern, der sagte: „Wenn ich nur Verkäufer hätte werden wollen, wäre ich das auch geworden. Ich bin aber Kundenberater." Solch eine Aussage ist kein Einzelfall. Immer wieder höre ich bei Verkaufstrainings in den Pausen diesen oder ähnliche Sätze. **Warum sind Sie gerne Verkäufer?** Wie sieht es denn heute in der Praxis aus? Die meisten Unternehmen vereinbaren mit Ihren Mitarbeitern und Vertragspartnern Ziele oder haben klare Zielvorgaben. Der Kundenberater hat also die Aufgabe, diese Ziele zu erfüllen – und wenn es ihm gelingt, ist er direkt oder indirekt Verkäufer. Ist das negativ? Wenn Sie schon verkaufen, dann seien Sie doch ehrlich zu sich selbst und geben Sie es zu. Die entscheidende Frage besteht darin, was Sie sich unter dem Begriff „Verkäufer" vorstellen. Sollten Sie im Verkäufer nur den „Türklinkenputzer" sehen, werden Ihre Vorstellung und Ihr innerer Zustand negativ geprägt sein. Wenn Sie hingegen einen qualifizierten Berater sehen, der die Kundenwünsche erkennt und seinem Kunden hilft, die richtigen Entscheidungen zu treffen und die richtigen Produkte/Dienstleistungen zu wählen, wenn Sie Verkaufen so betrachten, dass es zwei Gewinner gibt – Sie und Ihren

Kunden – wenn Sie Verkaufen als die hohe Kunst im Umgang mit Menschen sehen, dann werden Sie sich schnell mit dem Bild des Verkäufers identifizieren können. Vertreten Sie Ihre Aussagen dem Kunden gegenüber ehrlich und überzeugt, dann beraten Sie verkaufs- und beziehungsorientiert.

Erfolgreiche Verkäufer sind stolz auf Ihren Beruf

Lassen Sie uns zwei erfolgreiche Verkäufer betrachten, Verkäufer, die Jahr für Jahr ihre Erfolge wiederholen und ausbauen. Ich kenne beide seit vielen Jahren und immer wieder, wenn wir im Gespräch sind, frage ich mich, worin ihr Erfolg begründet liegt. Neben vielen anderen Talenten besitzen beide zwei besonders herausragende Merkmale: Ganz gleich, bei welcher Gelegenheit ich diese beiden auch treffe, sie erzählen allen Leuten, dass sie Verkäufer sind. Und zweitens berichten sie es mit Stolz und Freude. Jeder merkt, dass sie sich mit ihrer Verkaufstätigkeit völlig identifizieren.

Ich möchte diese These mit einer kleinen Geschichte über den „höchsten" Bausparvertrag aller Zeiten untermauern. Die besten Verkäufer der Landesbausparkasse waren vom Vorstand eingeladen, um die Erfolge drei Tage lang zu feiern. Es gab eine Incentive-Tour ins Ausland, um einmal richtig abzuschalten. Es wurde gefeiert und gelacht. Auf dem Rückflug saß unser Spitzenverkäufer neben einer jungen Frau. Schon nach kurzer Zeit hatte er von ihr erfahren, dass sie keinen Bausparvertrag besaß. Ganz zufällig (oder besser: gut vorbereitet) hatte unser Top-Verkäufer auch in dieser Situation ein Bausparantragsformular zur Hand und schloss mit der Frau in 10.000 Metern Höhe einen Bausparvertrag ab. Sie sehen, es lohnt sich, ganz gleich, wo immer Sie sind, über Ihre Tätigkeit, Ihren Beruf, über die Möglichkeit des Verkaufens zu sprechen.

Ausstrahlung kommt von Überzeugung – von Identität!

Der zweite Punkt, der diese erfolgreichen Verkäufer auszeichnet, besteht darin, dass sie ihren Kunden nur das anbieten, was sie selbst auch nehmen würden. Ganz nach dem Motto von Frank Bettger: „Wenn ich Ihr Bruder wäre, dann würde ich Ihnen Folgendes empfehlen..." Diese Überzeugung spiegelt sich in der Ausstrahlung des Verkäufers bei seiner Präsentation wider. Danach fragen Sie Ihren Kunden einfach, ob er das vorgeschlagene Produkt/die Dienstleistung auch kaufen möchte.

Immer wieder erlebe ich, dass Kundenberater eine abschließende Entscheidung nicht herbeiführen. Sie überlassen ihrem Kunden Unterlagen, damit dieser sie noch einmal in Ruhe überdenken kann. Sicher gibt es Situationen, in denen dies sinnvoll ist, aber nicht generell. **Wenn Sie persönlich überzeugt sind, dass Sie Ihrem Kunden etwas Gutes angeboten haben, dann fragen Sie ihn ganz einfach, ob er jetzt abschließen möchte.** Haben Sie den Mut dazu, denn mehr als ein „Nein" können Sie letztendlich nicht bekommen. Aber Sie nutzen die Chance, eine Sache, von der Sie überzeugt sind, gleich zum Abschluss zu bringen.

„Love it, leave it or change it"

Erfolg durch die Identifikation mit dem Kunden

Bei aller Identifikation mit Beruf, Produkt, Unternehmen und Verkäufertätigkeit dürfen Sie Ihre wichtigste Aufgabe, die Identifikation mit Ihrem Kunden, nicht vergessen. Wenn Sie sich für die kundenorientierte Arbeit entschieden haben, dann tragen Sie voll und ganz die Verantwortung dafür. Anerkennung und Akzeptanz, die Sie von Ihrer Firma erhalten, müssen Sie auch bei Ihrem Kunden erzeugen. Letzten Endes zahlt ja der Kunde Ihr Einkommen. Sie sollten daher über einige Grundeigenschaften verfügen oder sich diese aneignen:

— lieben Sie Menschen
— Dienstleistung heißt, dem Kunden einen Dienst leisten
— freundliches, höfliches und zuvorkommendes Verhalten
— verdienen kommt von dienen
— ganz einfach das geben, was Sie erwarten, wenn Sie Kunde sind.

Sich mit seinem Kunden zu identifizieren, heißt, Probleme und Sorgen des Kunden ernst zu nehmen. Geben Sie also in Ihren Verkaufsgesprächen mehr als nur schnelle Angebote. Versuchen Sie vielmehr zu ergründen, was Ihren Kunden bedrückt und wo Sie ihm helfen können, eine Lösung zu finden. **Identifizieren bedeutet außerdem, die Wünsche des Kunden zu erspüren.**

Wenn Sie herausfinden, was Ihr Kunde sich wünscht, dann helfen Sie ihm bei seiner Entscheidung, seinen Zielen einen Schritt näherzukommen.

**Iden-
tifikations-
faktor =
Erfolgs-
faktor**

Je höher Ihr Identifikations-Faktor, desto größer Ihr Erfolg. Wenn Sie das lieben, was Sie tun, werden Sie stolz auf sich und Ihre Arbeit sein. Erstellen Sie sich ein positives Bild. Sie wissen ja – es gibt keine Realität. Realität ist ausschließlich das, was wir uns selbst schaffen. Es liegt in Ihrer Hand, wie Sie es sehen. Wenn Sie das, was Sie tun, lieben, wird Ihnen alles viel einfacher und mit mehr Freude von der Hand gehen.

Sie sind nun am Ende des ersten Buchteils „Erfolgreich mit sich selbst umgehen" angelangt. Bevor Sie Teil zwei „Erfolgreich mit anderen umgehen" lesen, empfehle ich Ihnen, Ihre eigene Identität zu überprüfen, zu stärken und weiterzuentwickeln. Sollten Sie bisher die Übungen nur mental, also in Gedanken durchgeführt haben, bitte ich Sie nun, die folgenden Übungen schriftlich durchzuführen. Bei manchen Fragen werden Sie etwas länger nachdenken müssen, aber es lohnt sich. Nehmen Sie sich genügend Zeit. Entdecken Sie die Kraft Ihrer Persönlichkeit.

Entwickeln Sie jetzt Ihre Identität, damit andere Geschäfte mit Ihnen tätigen wollen!

Übung:

Nehmen Sie Ihr persönliches Strategieheft zur Hand und beantworten Sie sich folgende Fragen:

— Warum bin ich Verkäufer?
— Wofür setze ich mich im Verkauf ein?
— Wie beschreibe ich mich selbst?
— Was sind meine herausragenden Fähigkeiten?
— Warum soll mein Kunde bei mir anstatt bei einem anderen kaufen?
— Was ist für mich im Verkauf wichtig und wertvoll?
— Was macht mich „einmalig"?

— Wie sehe ich meine Kunden und wie kann ich ihnen von Nutzen sein?
— Warum bin ich stolz, Verkäufer zu sein?
— Wenn ich meine Tätigkeit ausführe, mit wem und/oder was Wertvollem vergleiche ich mich?
— Was ist meine „Mission" als Verkäufer/in meinem Leben/auf dieser Welt?
— Warum und wie erfülle ich meine „Mission"?
— Wenn Sie diese Fragen für sich selbst zufriedenstellend beantwortet haben, dann leben Sie begeistert danach. Noch ein Tipp: Überprüfen Sie Ihre Notizen regelmäßig, z. B. jeweils am Jahresende oder zu Jahresbeginn, um zu sehen, ob und wie Sie Ihren persönlichen Standard kontinuierlich erhöht haben.

Kurz zusammengefasst:

— Lieben Sie das, was Sie tun und tun Sie das, was Sie lieben.
— Bieten Sie Ihrem Kunden nur das an, was Sie genau kennen.
— Identifizieren Sie sich mit den Produkten, die Sie Ihrem Kunden anbieten.
— Machen Sie sich die Produktvorteile und die Vorteile für Ihren Kunden immer wieder bewusst.
— Vertreten Sie Entscheidungen Ihrer Firma wie Ihre eigenen. Treten Sie gemeinsam nach außen auf.
— Bekennen Sie sich dazu, „Verkäufer" zu sein. Helfen Sie Ihrem Kunden, das zu bekommen, was gut für ihn ist.
— Sprechen Sie „immer und überall" über das, was Sie vertreten und verkaufen möchten.
— Nehmen Sie Ihren Kunden, seine Probleme, Sorgen und Wünsche ernst.
— Suchen Sie nach Ihrer Identifikation und leben Sie begeistert danach.

Meine wichtigsten Erkenntnisse:

_____

_____

_____

_____

_____

_____

_____

So setze ich das Gelesene konkret in die Praxis um:

_____

_____

_____

_____

_____

_____

_____

Teil II:

Erfolgreich mit anderen umgehen

Erfolgreich mit anderen umgehen

Kapitel 5: Der Markt hat sich verändert – der Verkäufer auch?

Womit beschäftigen sich Firmen zur Zeit? Sind es die neuen Wettbewerber? Oder ist es die Angst vor diesen?

Die Wettbewerbslage verändert sich permanent. Immer neue Wettbewerber kommen hinzu. Die Anbieter nutzen ihre bisherigen Erfahrungen bestmöglich und zeigen sich sehr verkaufsorientiert. Hinzu kommt der Wettbewerbsdruck ausländischer Anbieter, die über deutsche Partner, über Tochtergesellschaften oder Niederlassungen mit aggressiven, professionellen Marketingmaßnahmen immer stärker am Markt agieren. Der Markt ist in Bewegung, der Markt ändert sich. Früher hatten wir es mit einem lokalen, überschaubaren Markt zu tun. Der Markt bestimmte das Angebot, man konnte mehr oder weniger von einem Verteilermarkt sprechen. Heute haben wir globale und transparente Märkte. Hier werden viele unterschiedslose Produkte auf einem durchsichtigen Markt angeboten. Und das führt immer mehr zum Preiswettbewerb. Der Markt hat sich schon seit einiger Zeit zum Verkäufermarkt verändert.

Transparente Märkte führen zu mehr Preiswettbewerb

Auswirkungen daraus kommen heute immer noch deutlich in Erhebungen zum Ausdruck, in welchen sich Kunden über Belästigungen, über allzu häufige Ansprache von gleicher Seite, über Hard Selling und Druckverkauf beschweren. Zusätzlich wird immer wieder auf die totale Einseitigkeit in der Interessenlage der Verkäufer hingewiesen. Dies führt verstärkt dazu, dass Verkäufer, die nicht anpassungs- und wandlungsfähig sind, sich auf die Frustrationswelle ihrer Kunden begeben und sagen: „Lieber lasse ich die Finger von dem Kunden, dann kann ich auch keinen Ärger bekommen!"

Wie aber soll es heute und morgen sein? Ich denke, wir sind in erster Linie Problemlöser für unsere Kunden. Das heißt nach der alten Grundregel: Es müssen beide Seiten etwas vom Geschäft haben, nicht nur der Verkäufer. Unter diesem Gesichtspunkt gilt es zu untersuchen, ob es in der Problemstruktur des einzelnen Kunden Verbesserungs- oder Optimierungsmöglichkeiten gibt. Konkret bedeutet dies, nicht nur einseitig Produkte oder Dienstleistungen verkaufen zu wollen, problem- und lösungsorientiertes Handeln ist angesagt. Beziehungsmanagement wird zu einem immer wichtigeren Verkaufsfaktor.

Aufgeklärte und selbstbewusste Kunden fordern den Verkäufer

Doch nicht nur der Markt hat sich geändert, auch das Kundenverhalten unterscheidet sich wesentlich von früher. War unser Kunde früher unkritischer und wenig aufgeklärt, sogar eher demütig und meist nur einem Lieferanten verbunden, so zeigt sich der heutige Kunde ganz anders: Er ist viel selbstbewusster und hat weitaus weniger Vertrauen, er verhält sich nicht ruhig und abwartend, sondern eher fordernd. Oft arbeitet er mit mehreren Anbietern zusammen und kann dadurch sofort Vergleiche anstellen. Er ist durch die Medien informierter und aufgeklärter denn je. Gleich, ob durch Rundfunk- und Fernsehsendungen, Printmedien, dem Internet oder Testveröffentlichungen – der Kunde kennt sich besser aus. Verbraucherzentralen haben sich mittlerweile zu Wirtschaftsverbänden entwickelt und Medien wie z. B. Wirtschaftsmagazine, haben herausgefunden, wie populär Tests sind. Veröffentlichungen der Testergebnisse sorgen für gute Verkaufszahlen dieser Wirtschaftsmagazine. Es ist davon auszugehen, dass sich der Kunde weiterhin auf solche Testergebnisse über Produkte und Dienstleistungen stützt. Da speziell kundenorientiertes Verkaufen heute einen bedeutenden Stellenwert einnimmt, werden Verbraucherzentralen, Wirtschaftsverbände und Medien Unternehmen und deren Außendienst immer stärker unter die Lupe nehmen, um herauszufinden, wie diese verkaufen. Es wird deshalb von großer Bedeutung sein, wie man als Beziehungsmanager kundenorientiert verkauft. Hier sind nicht nur das mit Sicherheit wichtige Fachwissen, die Produktvielfalt und die Organisationsstruktur gefragt, sondern auch der Umgang mit dem Kunden, die Kenntnis dessen, was er will, das Erfüllen seiner Wünsche und Träume. An die Stelle von Hard Selling tritt gezieltes Beziehungsmanagement!

Hardselling wird durch Beziehungsmanagement ersetzt

Die noch offene Frage besteht darin, inwieweit diese veränderten Anforderungen bereits zu veränderten Verhaltensweisen geführt haben. Lesen Sie nun, was Sie tun können, um Kundenzufriedenheit zu erreichen.

Was Kundenbindung bewirkt

Welchen Wert einer guten Kundenbindung beizumessen ist, stellt sich für die einzelnen Firmen sicherlich unterschiedlich dar. Doch für zukunftsorientierte Anbieter wird Kundenbindung eine der höchsten Prioritäten haben. Um zu verdeutlichen, was Kundenbindung ausmacht, möchte ich die Frage anders stellen: Was bleibt übrig, wenn wir keine Kundenbindung mehr haben? Worin liegen dann die Vorteile Ihres Produktes, wenn Sie, wenn Ihre Mitarbeiter, wenn Ihr Haus dem Kunden unbekannt und gleichgültig sind. Worin liegt Ihr Unterscheidungsmerkmal zu anderen Wettbewerbern bei gleichen, austauschbaren Produkten, wenn der Kunde zu Ihnen keine Beziehung hat? Wahrscheinlich ausschließlich im Preis! Für austauschbare Produkte, bei denen es nur auf diesen Faktor ankommt, braucht man weder Berater noch Verkäufer. Man wird sie sich über kurz oder lang auch gar nicht mehr leisten können, denn, wenn nur der Preis entscheidet, benötigt man nur noch „Abwickler" sowie den Zugang zu Multimedia. Deshalb spielt gerade in dieser Zeit der austauschbaren Produkte die Kundenbindung eine ganz besonders entscheidende Rolle. Wenn es die Verkäufer nicht schaffen, Kundenbindung herzustellen, taucht die Frage nach deren Existenzberechtigung auf. **Warum sollte ein Kunde bei einem Kundenberater/Verkäufer, zu dem er keine Beziehung hat, ein Produkt kaufen, das er anderswo günstiger erhält?**

Dennoch, Kundenberater und Verkäufer braucht man auch weiterhin, weil viele Geschäftsabwicklungen kompliziert und damit erklärungsbedürftig sind. Allerdings nimmt das „Ausnutzen" der Beratungsleistung in weiten Kreisen der Bevölkerung deutlich zu. Der Fachhandel kann ein Lied davon singen. Denken Sie zum Beispiel einmal an die Elektrobranche. Wie oft werden dort kompetente Beratungen durchgeführt und der Kunde kauft sich danach das

Machen austauschbare Produkte den Verkäufer überflüssig?

Produkt per Selbstbedienung im Elektrosupermarkt. Die qualifizierte Beratung allein reicht hier nicht aus. Nein, um erfolgreicher im Markt bestehen zu können, müssen Sie die Fähigkeit besitzen, Kunden an sich binden zu können. Dies zu erreichen, ist Zweck und Inhalt dieses Buches. Kundenbindung entsteht über Beziehungsmanagement, und dies ist nicht nur eine Sache des Wissens, der Organisation und der Produktpalette, sondern vielmehr eine Sache der Einstellung, des Zugehens auf den Kunden und des Umgangs mit ihm. Doch dies ist nicht der Anfang – es beginnt damit, welche persönliche Einstellung ich vertrete und wie ich es schaffe, mit mir selbst umzugehen, um dieses Verhalten auf meinen Kunden übertragen zu können.

Kundenbindung als Überlebensstrategie im Internet-Zeitalter

Warum ist Kundenbindung so wichtig? Vielleicht ist sie schlichtweg eine der wichtigsten Überlebensstrategien im Internet-Zeitalter. Geht unter Umständen wirklich alles nur noch über Preis und Konditionen, wenn wir die notwendige Kundenbindung nicht erreichen? Ich möchte hier keine Schwarzmalerei betreiben. Mein Ziel ist es, Sie für dieses Thema zu sensibilisieren, Sie anzuregen darüber nachzudenken, was Kundenbeziehung und Kundenbindung heute ausmachen. Und, wenn für Sie wichtige Erkenntnisse und Anregungen dabei sind, diese in der Praxis auszuprobieren.

Wie kann eine optimale Kundenbindung aussehen und wie erreichen Sie Zufriedenheit bei Ihrem Kunden? Das ist wie Puzzle spielen, und ein Puzzle hat bekanntlich viele kleine Teile: z. B. ist es im Verkauf wichtig, regelmäßige Kontakte zu pflegen und eine persönliche Nähe zum Kunden aufzubauen. Weiterhin sind Wissen um die Kundenwünsche sowie Zukunftspläne von Bedeutung, darüber hinaus aber auch zusätzliche Serviceleistungen wie Veranstaltungen, Einladungen zu Vernissagen, Tipps, Aufmerksamkeiten, uneigennützige Empfehlungen, Anteilnahme oder einfach nur eine persönliche Karte zum Geburtstag, die zeigt, dass Sie an ihn gedacht haben. All dies hinterlässt beim Kunden einen kompetenten und fürsorglichen Eindruck. Es kann davon ausgegangen werden, dass in dem Maße, in welchem einem Unternehmen oder einem Mitarbeiter dieses Unternehmens Kompetenz zugerechnet wird, die Loyalität zu dieser Firma zunimmt und in gleichem Maße die

Preisverhandlungen abnehmen. Da heißt es für uns als Verkäufer, freundliche und qualitativ hochwertige Gespräche zu führen, kompetenter in der Beratung zu sein und die Kundenbeziehung ernst zu nehmen. Ich bin im höchsten Maße davon überzeugt, dass nur die persönliche Bindung, das Qualitätsmanagement, der freundliche Service, die kompetente Beratung, der Blick auf die Kundenorientierung sowie das Treffen schneller Entscheidungen die Dinge sind, welche die Überlebenschancen der einzelnen Betriebe maßgeblich beeinflussen.

Wie lässt sich Kundenbindung erreichen, wie baut man sie am besten auf und aus? Hierbei ist das Wissen über menschliches Verhalten besonders hilfreich. Allerdings dürfen Sie sich dieses Wissen nicht einfach aneignen, sie müssen es mit Leben erfüllen und in den täglichen Arbeitsprozess einbeziehen. **Viele Menschen wissen, was sie tun, aber sie tun nicht immer, was sie wissen.** Vielleicht geht es Ihnen manchmal ähnlich? Vielleicht haben auch Sie schon viel gelernt, aber haben Sie dieses Wissen auch anwenden können? Es ist wichtig, neben dem immer wieder trainierten Fachwissen, dem Mitarbeiter die Möglichkeit zu bieten, auch Verhalten zu trainieren und zu verbessern, Trainingsmaßnahmen durchzuführen, die an der Einstellung zum Kunden ansetzen, an der Einstellung zu sich selbst, an der Einstellung zu dem, was man tut und an der Einstellung, wie stark man sich für seinen Kunden engagiert. Das heißt, auch einmal Kundenunterlagen anzusehen und sich dabei überlegen, was man persönlich in der jeweiligen Situation tun würde. Welche Produkte/Dienstleistungen des Kunden passen?

Wir wissen viel – doch handeln wir auch entsprechend unserem Wissen?

Fragen Sie sich selbst, was generell an Engagement verbessert werden kann, dann offerieren Sie Ihr Angebot dem Kunden. Wenn der Kunde dieses auf ihn ganz persönlich abgestimmte Angebot erhält, werden Ihre Glaubwürdigkeit und somit die Kundenbindung enorm verstärkt.

Weitere Schritte:
— Seien Sie Ihrem Kunden nützlich.
— Fragen Sie ihn nach seinen Wünschen.

— Hören Sie ihm gut zu.
— Werden Sie sein Partner.
— Schaffen Sie ein Klima, in dem sich Ihr Kunde wohlfühlt.

Vergleichen Sie mit der Parabel einer Heirat. Sie würden sicherlich nicht auf die Straße gehen, sich dort den erstbesten Menschen unter den Arm klemmen und ihn zum Standesamt „schleppen". Sie würden (oder haben schon) vorher erst einmal ein angenehmes Klima erzeugen und eine Beziehung aufgebauen. Ebenso ist es mit der Verbindung Kunde und Unternehmen. Das Klima, welches Sie mit Ihrem Kunden schaffen, wird in verschiedenster Form die Kundenbindung ausmachen. Für uns Verkäufer bedeutet dies, wie freundlich sind wir im persönlichen Gespräch und besonders am Telefon. Wie kann mich mein Kunde erreichen? Kann ich ihn evtl. zurückrufen? Höre ich ihm genau zu und nehme ich mir ausreichend Zeit für ihn? Dies und einiges mehr macht das Spektrum des Beziehungsmanagers aus – und die Arbeit mit dem Kunden so interessant.

Wie Sie mehr Leistung bieten können und Ihr Nutzen daraus

Ein Trainingsteilnehmer fragte mich einmal Folgendes: „Was würde geschehen, wenn ein Arzt so arbeiten würde, wie mancher Kundenberater/Verkäufer?" Da ich die Antwort nicht wusste, sagte er zu mir: „Stellen Sie sich vor, ein Arzt würde sich intensiv mit der Entwicklung einer neuen Pille beschäftigen und dies gelänge ihm auch. Nachdem er die Pille entwickelt hat, geht er auf die Suche nach Patienten, die er mit dieser Pille behandeln möchte. Was würden seine Patienten sagen, wenn er, gleichgültig, bei welcher Krankheit, immer wieder versuchte, diese Pille an den Mann/an die Frau zu bringen?" Diese kleine Geschichte hat es in sich. Vielleicht ist es die neue Methode, mit Patienten umzugehen. Aber ist diese Methode auch sinnvoll? Die Praxis zeigt ein eher umgekehrtes Bild. Ein Patient kommt zu seinem Arzt und klagt ihm sein Leiden. Danach stellt der Arzt die Diagnose und verordnet aufgrund der Diagnose die notwendigen Medikamente. Das ist die

Fragen gehört vor Nutzen!

Regel. Das heißt für uns im Verkauf: manchmal entdeckt man bei Gesellschaften eine ähnliche Vorgehensweise, wie bei dem oben beschriebenen Arzt, der zuerst die Pille entwickelt und danach seine Patienten sucht. Einige Firmen favorisieren oder entwickeln zuerst ein Produkt oder eine Dienstleistung. Danach wird eine Aktion geplant und es folgt ein „Rundumschlag" mit dem Ziel: Wo finden wir hierfür einen Kunden? Das ist Aktionismus oder genauer – geplanter Aktionismus. Wie sehen die Erfolge dieser Vorgehensweise aus? In einer guten Kundenbeziehung sollte der Gedanke nicht ‚Verkäufer/Produkt/Kunde', sondern ‚Beziehung/Kunde/Verkäufer' sein. Der Verkäufer fragt also zuerst einmal den Kunden nach seinen Bedürfnissen, nach seinen Problemen oder seinen Wünschen und erstellt eine Analyse (Diagnose), um dann die Produktergänzung und das Produktangebot zu unterbreiten. Dies ist ein wichtiger und zentraler Punkt im heutigen Verkaufsgeschehen. Beziehungsmanagement heißt auch, sich mit dem Kunden verbünden, seine Wünsche in Erfahrung bringen, um gemeinsam zu überlegen, wie sich diese erfüllen lassen, bzw., Probleme herauszufinden und zu lösen. Beziehungsmanagement bedeutet nicht nur ein Budget von beispielsweise 100.000 Euro für den Erwerb einer technischen Anlage auf verschiedene Produkte und Dienstleistungen zu verteilen, ohne genau die Bedürfnisse des Kunden zu kennen. Oftmals steht für Beratungen wenig Zeit zur Verfügung und deshalb ist dies zwar eine schnelle Methode, aber sie wird auf lange Sicht keine Kundenbindung bringen. Fragen, zuhören und kundenorientiert handeln sind die Gebote der Stunde. Den Kunden in den Mittelpunkt zu stellen, ist die beste Möglichkeit, ihn für eine lange Zeit als zufriedenen Kunden zu halten. Dabei ist es wichtig, eine gute Fragestruktur zu entwickeln, die so zielgerichtet und so verständlich für den Kunden ist, dass die Lösungswege quasi wie ein reifer Apfel vom Baum fallen. **Ändern Sie die „alte" firmenspezifische Argumentationsstrategie in eine kundenbezogene Angebotsstrategie.** Bedenken Sie die Chance, die darin steckt. Warum wechseln denn so wenige Menschen gerne Ihren Hausarzt? Weil er das Krankheitsbild seiner Patienten ganz genau kennt. Wenn Sie es schaffen, das „Krankenbild", d. h. die Ziele und Wünsche Ihrer Kunden zu erfahren, dann sind Sie in derselben Position wie der Hausarzt. Die Absicht einer solchen Fragestruktur

Wecken Sie die Wünsche Ihrer Kunden!

Firmenspezifische Argumentationsstrategien weichen der kundenbezogenen Angebotsstrategie

besteht darin, den Kunden zu verstehen und seine mögliche Problemstruktur durch Hinterfragen herauszufinden.

Der Wunsch nach den eigenen vier Wänden steht in Deutschland ungebrochen auf Platz eins der Wunschliste. Deshalb bin ich sicher, dass auch Sie als Leser dieses Buches sich schon einmal mit dem Abschluss eines Bausparvertrages beschäftigt haben oder darauf angesprochen wurden. Wenn nicht, wird es sicher noch geschehen. Lassen Sie mich deshalb dieses leicht nachzuvollziehende Beispiel wählen: Hierbei kann es doch nicht einfach Sinn der Sache sein, dass Sie als Kunde Ihr Geld geben, um einen Vertrag abzuschließen, vielmehr geht es darum, nach Ihren Zielen und Wünschen zu fragen, wie z. B.: „Möchten Sie Eigentum schaffen?" „Wenn ja, welches Eigentum könnten Sie sich vorstellen?" „Tendieren Sie mehr zum Eigenheim oder zur Eigentumswohnung?" „Kommen auch ein Reihenhaus oder eine Doppelhaushälfte in Betracht?" usw. Außerdem könnte noch das Thema Freizeit-/Ferienimmobilie oder eine Veränderung der Wohnsituation im Alter für Sie von Interesse sein. Dies sind alles Fragen, die vor der Angebotserstellung/Anlageempfehlung gestellt werden sollten – Fragen, die möglicherweise Kundenwünsche wecken! Damit ist gemeint, dass der Verkäufer aktiv mit dem Kunden spricht – aktiver Beziehungsmanager ist, nicht nur, um Wünsche zu wecken, sondern auch, um diese in Bilder zu fassen. Zuerst aber muss dem Kunden die Möglichkeit gegeben werden, selbst herauszufinden,

Lassen Sie Kunden-wünsche in Bildern aufleben!

welche Vorstellungen er hat. Wenn der Kunde für sich selbst klare Bilder (eine klare Vorstellung) erstellt hat, wenn er weiß, was er will und wenn auch der Verkäufer diese Vorstellung kennt, erst dann, an dieser Stelle, darf das Angebot ins Spiel gebracht werden. Erst jetzt geht es um die Frage der Finanzierung, der Hypothek, der Ansparung, der Zwischenfinanzierung und des Zinssatzes. Wenn man Ihnen lediglich die Vorteile eines Bausparvertrages oder einer Hypothek erklärt, dann kann es sein, dass Sie nach wenigen Minuten bereits abschalten, da Sie keinen aktuellen Bedarf sehen, oder die genannten Preise mit anderen Angeboten vergleichen. Dieses Beispiel können Sie auf fast alle Branchen übertragen.

Gehen Sie verschiedene Wege und gehen Sie die Wege in einer Sprache, die der Kunde versteht. Finden Sie die Bedürfnisstruktur des Kunden heraus, dann haben Sie auch die Chance, Ihren Kunden über Zusatzprodukte zu informieren. Prüfen Sie, was Sie darüberhinaus für die Erreichung seiner Wünsche tun können. Dies ist die allerbeste Chance, durch mehr Leistungen mehr Geschäft zu erzielen. **Eine gute Kundenbeziehung aufzubauen heißt, die Wünsche seines Kunden zu erfahren. Dann können Sie ihm helfen, diese Wünsche für ihn wahr werden zu lassen.** Als Beziehungsmanager sind Sie dafür verantwortlich, dass sich der Kunde wohlfühlt mit der Verbindung zu Ihrem Unternehmen.

Lassen Sie Kundenwünsche wahr werden!

Was unterscheidet einen Verkäufer im Ladengeschäft von einem Kundenberater und diesen wieder vom Beziehungsmanager? Zu dem Verkäufer gehe ich in den Laden und kaufe beispielsweise eine Dose Farbe zu 8,75 Euro. Ich nehme die Dose aus dem Regal, stelle sie auf den Ladentisch und der Verkäufer sagt: „Das macht 8 Euro 75:" Danach lege ich das Geld auf den Tisch und gehe. Manchmal, besonders in kleineren Geschäften, höre ich auch noch ein „Auf Wiedersehen". Bei dieser Art von Verkauf würde ich den Mann hinter der Theke nicht direkt als Verkäufer bezeichnen, sondern eher als einen Abwickler von Geschäften, der ob freundlich oder nicht, verantwortlich ist für den Umsatz des Geschäftes. Anders verhält es sich beim Kundenberater. Nehmen wir einmal einen Berater für Waschmaschinen. Der Kunde kommt zu ihm mit einem Problem: „Ich möchte mir eine Waschmaschine anschaffen, weiß aber noch nicht welche?" Darauf antwortet der Waschmaschinenberater: „Hier habe ich vier Waschmaschinen. Die erste verbraucht wenig Strom, die zweite wenig Wasser, diese hier wäscht besonders weiß, und die letzte ist ausgesprochen preiswert. So, nun wissen Sie alles über diese vier Waschmaschinen, welche möchten Sie denn nun haben?" Jetzt hat der Kunde das Problem, dass er zwar alle Produktvorteile kennt, aber immer noch nicht weiß, welche Maschine für seine Zwecke die beste ist.

Hat das nicht jeder von uns schon einmal erlebt? Der Kunde wird über alle möglichen Produkte informiert. Da die meisten Kunden aber nicht täglich größere Anschaffungen tätigen, fällt es ihnen schwer, die für sie richtige Wahl zu treffen. Sicherlich handeln diese Kundenberater aus einem lobenswerten Motiv heraus: „Ich möchte, dass der Kunde umfassend informiert wird und auch die Nachteile kennt, außerdem kann ich mit dieser Methode eventuelle Fehlberatungen ausschließen." Sie bauen sich damit das Bild des objektiven Beraters auf und halten dieses, solange es geht, am Leben. Qualifiziertes und kundenorientiertes Managen von Beziehungen geht aber ein Stück weiter. Es ist eben nicht nur Beraten. Beziehungen baue ich auf und halte sie dadurch, dass ich Wünsche und Träume meines Kunden wecke, bevor sie der Kunde formuliert hat. Und deshalb behaupte ich, als Beziehungsmanager kundenorientiert zu verkaufen, ist eine Kunst, eine anerkennenswerte, die Spaß machen kann und positives Feedback des Kunden bringt. Es ist erwiesen, dass Menschen, die keine Träume und Visionen mehr haben, unglücklicher sind als Menschen mit Wünschen und Zielen. Wenn Sie es als Beziehungsmanager schaffen, einem Menschen einen Traum oder eine Vision zu geben, wird er alles dafür tun, sich diese zu erfüllen. Und das mit Ihrer Hilfe. Sie verkaufen nicht mehr. Der Kunde kauft bei Ihnen!

Beziehungsmanager helfen Ihrem Kunden, eine Vision zu verwirklichen

Verkäufer/Berater oder Beziehungsmanager – es ist Ihre Entscheidung!

„Die Zeit ist schlecht? Wohlan.
Du bist da, sie besser zu machen."   *Thomas Carlyle*

Der Stellenwert der persönlichen Beziehung zum Kunden ist zwar allen bewusst, wird aber meines Erachtens trotzdem immer noch unterschätzt. Es reicht heute nicht mehr aus, seinen Verkäufern neue Strategien und neue Produkte an die Hand zu geben. Es ist auch nicht damit getan, schöne PC-Arbeitsplätze zu schaffen und Einzelberatungsplätze einzurichten, ebensowenig stellt eine bessere Fachausbildung sicher, dass mit dem Kunden mehr Geschäfte zustande kommen. Viele Verkaufs- und Produktaktivitätssteigerungsprogramme sowie Konzeptionen neuer Vertriebswege sind technische Verfahrenswege und sagen noch nichts über eine gute und angemessene Kommunikation mit Ihrem Kunden. Es reicht nicht mehr aus, qualifizierter Berater zu sein; zum wesentlichen Erfolgsfaktor im Wettstreit um Marktanteile ist das Beziehungsmanagement geworden – nämlich die Kunst, dem Kunden nahe zu sein. Oftmals stehen heute beim Aufbau einer Kundenbeziehung die Anzahl der Kundenkontakte und die Kundenzuordnung als wichtigste strategische Überlegung im Raum. Doch dies allein ist zu wenig. Sicher sind Fachwissen sowie die Häufigkeit der Kundenkontakte für den Berater wichtig, aber dies ist nur die Einstiegsbasis für ein erfolgversprechendes Vertrauensverhältnis. Das Ziel jedoch erreicht man oft über andere Wege. In einem der meistgelesenen Management-Bücher aller Zeiten „Auf der Suche nach Spitzenleistungen" von Peters/Waterman ist eine Studie veröffentlicht, in der amerikanische Unternehmen untersucht wurden. Geforscht wurde nach dem „Geheimrezept" für Unternehmenserfolge. Die Antwort war schließlich ganz einfach und ist in jenem Buch auf eine besonders schöne Art und Weise beschrieben: Die Quelle der größten Kundenzufriedenheit liegt in der Tuchfühlung mit dem Kunden. Es herrscht allgemein Einigkeit darüber, dass es dem Kunden nicht so sehr auf eine objektive, vielleicht sogar messbare Beratungsleistung ankommt. Der Erfolg einiger Unternehmen liegt einfach darin begründet, dass deren Mitarbeiter eine besondere Nähe zu den eigenen Kunden aufgebaut haben – nicht mehr, aber auch nicht weniger! Das bedeutet, dass eine Grußkarte oder ein persönlich überreichter Blumenstrauß genauso wichtig sind wie ein nettes Wort oder eine Einladung zum Essen, ein ehrlich gemeintes Kompliment oder eine angenehme Plauderei bei einem Kaffee in entspannter Atmosphäre. In Fernseh- und Printmedien-Werbung werden uns diese wunderschönen Bilder gezeigt. Doch wie oft werden diese Bilder bei einer Beratung für den Kunden Realität? Es ist nicht die Organisationsgröße des Konzerns oder die schönen Gebäude, die das Image eines kundenorientierten Unternehmens ausmachen, es ist in besonderem Maße der Mitarbeiter, der für das Beziehungsmanagement verantwortlich ist. Die Verbindlichkeit und Freundlichkeit des Verkäufers in der Werbung wird nur dann Wirkung zeigen, wenn der Kunde sie auch selbst erfährt. Wieviele lieb gewordene Kunden betreuen Sie selbst, die Ihnen von ihren Kindern und Enkeln, vom letzten Urlaub oder vom

Kunden-zufrieden-heit entsteht durch die Tuchfühlung mit dem Kunden

Geburtstag berichten und ganz nebenbei zum 6. oder 7. Mal mit Ihnen Geschäfte machen? Es ist nicht immer nur die fachliche Beratung notwendig, sondern das vorhandene Vertrauensverhältnis, welches Sie permanent pflegen und ausbauen sollten. Bereits ein persönlicher Brief zu einem geeigneten Anlass, von Mensch zu Mensch und von Hand geschrieben, verfehlt seine Wirkung nicht.

Vertrauen ist die beste Erfolgsbasis

Ein Trainerkollege, der dies regelmäßig praktizierte, war so sehr von seinen Kundenreaktionen angetan, dass er Ideen für mögliche Briefe mit Zitaten, Gedichten und Kunstmotiven entwickelte und diese in einem Buch mit über 100 Briefvorschlägen zu den verschiedensten Anlässen veröffentlichte. Es ist Eckard Täger, der fest davon überzeugt ist, dass man mit Menschen über eine Beziehung erfolgreich Geschäfte tätigen kann. Dieses Buch, welches er für die Sparkassenorganisation entwickelt hat, ist beim Sabine Täger-Verlag in Deutsch Evern zu beziehen. Es lohnt sich, sich mit diesem Thema einmal auseinanderzusetzen.

Heute sollten Kundenberater nicht nur auf fachspezifisches Denken – „Wie argumentiere ich?" – ausgebildet werden, sondern an eine zukünftige Denkweise herangeführt werden **„Wie kann ich in die Haut des Kunden schlüpfen?"** Beziehungsmanager zu sein

Schlüpfen Sie in die Haut des Kunden

heißt auch, selbst Kundenverantwortung zu übernehmen. Bestimmen Sie selbst, ob Sie nur Kundenberater oder Verkäufer sein wollen oder die Herausforderung annehmen, Beziehungsmanager zu werden. Dies beginnt ganz einfach mit einem freundlichen Gesicht und einem höflichen, aufmerksamen Verhalten, und das nicht nur zu den netten und liebgewordenen Kunden, sondern zu all Ihren Kunden. Es beinhaltet auch, im Kopf des Kunden denken zu können und in seiner Sprache zu sprechen. Der Kunde muss wissen, dass sein Ansprechpartner in allen Problemlagen für ihn da ist, für seine Probleme ein offenes Ohr hat, seine Wünsche immer wieder neu erforscht und fragt: „Was könnte für meinen Kunden jetzt wichtig sein?"

Dieser Umdenkprozess wird untermauert durch den Prozess der Veränderung unserer Werte. Was früher Hierarchie war, heißt heute Team. Was früher Disziplin war, nennt man heute Selbstbestimmung. Das Wort Karriere heißt heute Persönlichkeitsentfaltung und Effizienz wird durch Kreativität ersetzt, genauso wie Kundenberater und Verkäufer durch Beziehungsmanager. Der Beziehungsmanager als kundenorientierter Verkäufer von Produkten und Dienstleistungen hat heute die vielfältigsten Aufgaben. Wesentlich und nach wie vor unerlässlich ist ein hohes und fundiertes Fachwissen.

Ein Zitat von Henry Miller besagt: „Spezialisten sind Leute, die nur eine Saite auf ihrer Fiedel haben." Ziehen Sie möglichst viele Saiten auf Ihre Geige, denn heute sind noch weitere Komponenten von Bedeutung:

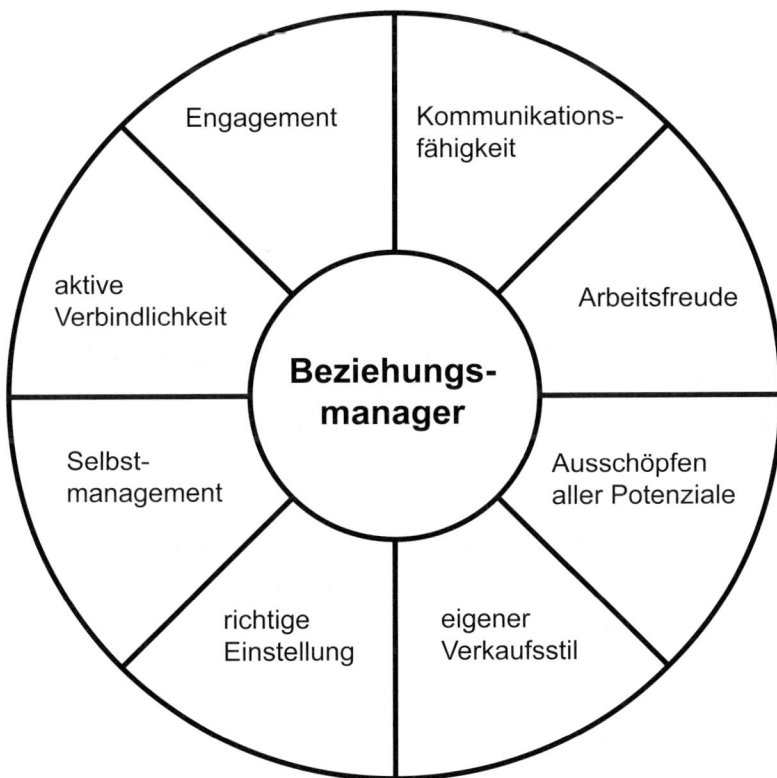

Abb. 5: Komponenten für den Beziehungsmanager

Kurz zusammengefasst:

— Binden Sie Ihre Kunden durch kontinuierliches Beziehungsmanagement langfristig an Ihr Unternehmen.
— Erstellen Sie – wie ein Arzt – zuerst die Analyse und erst dann
die Diagnose.
— Bringen Sie die echten Wünsche Ihres Kunden in Erfahrung
und helfen Sie ihm dabei, sich diese zu erfüllen.
— Gehen Sie mit Ihrem Kunden auf „Tuchfühlung". Bauen Sie
eine persönliche Nähe zu ihm auf.
— Gestalten Sie den zwischenmenschlichen Kontakt aktiv, ehrlich und verantwortlich. Erkennen Sie Probleme Ihres Kunden
und finden Sie Lösungswege für ihn.

Meine wichtigsten Erkenntnisse:

_____

_____

_____

_____

So setze ich das Gelesene konkret in die Praxis um:

_____

_____

_____

_____

_____

Kapitel 6: Der Verkäufer als Beziehungsmanager

Die hohe Kunst im Umgang mit Menschen

„Nur wer den Menschen liebt, wird ihn verstehen. Wer ihn verachtet, wird ihn nicht einmal sehen." *Christian Morgenstern*

Eine gute Beziehung aufzubauen und diese Beziehung zu unterhalten, ist die hohe Kunst im Umgang mit Menschen.

Viele Firmen suchen wieder die Nähe zum Kunden und immer mehr Kundenberater und Verkäufer, die ihre Kunden wie in guten alten Zeiten individuell und direkt ansprechen, erzeugen dadurch beim Kunden ein lange vergessenes Gefühl, nämlich, nicht nur als Interessent/Kunde, sondern auch als Mensch bekannt und anerkannt zu sein – und das Gefühl, wichtig genommen zu werden. Wer es schafft, sich persönlich in einen guten Zustand zu versetzen, hat die richtige Ausstrahlung, um das gleiche bei anderen zu bewirken. Die hohe Kunst im Umgang mit Menschen ist die, andere in einen guten Zustand zu versetzen. Also wechseln Sie Ihre Aufgaben, seien Sie nicht nur Kundenberater oder Verkäufer, werden Sie zum Beziehungsmanager, und Beziehungsmanager heißt: Sie sind ein Hersteller von Zuständen! Bei Umfragen während unserer Trainings zum Thema „Was ist die hohe Kunst im Umgang mit Ihrem Kunden?" erhalten wir am häufigsten die 3 nachfolgenden Antworten:

Hinter jedem Kunden steckt ein Mensch!

Beziehungsmanager sind Hersteller von Zuständen

1. Jeder Kunde muss das Gefühl haben, dass er mein ganz besonderer Kunde ist.
2. Der Kunde muss spüren, dass ich mir besonders viel Mühe mit ihm gebe.
3. Der Kunde muss das Gefühl haben, dass er mir vertrauen kann.

Zusammengefasst heißt das, es ist meine Aufgabe, dem Kunden das Gefühl zu geben, dass ich mich für ihn und seine Interessen in besonderem Maße einsetze. Menschen möchten nicht nur

Sicherheit ist ein Gefühl/ Zustand

eine Nummer oder ein Mosaiksteinchen zur Zielerfüllung sein, sie möchten vielmehr als Menschen beachtet werden. Sie wollen sicher sein, dass sie das Richtige tun und die richtige Entscheidung treffen. Und eben dieses Gefühl der Sicherheit ist nichts anderes als der „innere Glaube" daran. Kunden tätigen mit Ihnen Geschäfte, wenn sie Ihnen glauben und sich sicher bei Ihnen fühlen. Beziehungsmanager sein heißt also, ein gutes Gefühl zu geben, den Kunden in einen guten Zustand zu versetzen.

Übung:

Nehmen Sie bitte Ihr persönliches Strategieheft und notieren Sie sich einige Punkte, womit Sie Ihrem Kunden ein gutes Gefühl geben können. Befassen Sie sich danach mit drei von Ihren schwierigeren Kunden und probieren Sie die vorher notierten Möglichkeiten bei diesen aus.

Ich bin wichtig (aber nur für mich!)

„Wer nichts Gutes tut, tut schon Böses genug."   Sprichwort
„Wer Gutes will, der sei erst gut."   *Johann Wolfgang von Goethe*

Bei vielen Untersuchungen wurde immer wieder festgestellt, dass das meist benutzte Wort bei vielen Menschen das Wörtchen „ich" ist. Vielleicht erinnern Sie sich noch an unseren Verkäufer, der denselben Namen wie eine große Persönlichkeit trug und immer sagte: „Meinen Namen können alle Kunden behalten! Aber ich brauche mir deren Namen nicht zu merken" und weiter feststellte: „Ich habe ein Produkt, das keiner will" und im nächsten Atemzug sagte: „Und meine Kunden sind mir alle nicht gut genug." Ein Verkäufer, dessen Gedanken und Worte sich nur um „ich, ich, ich" drehten. Da er sich immer nur mit sich selbst beschäftigte, hatte er keine Zeit, etwas Gutes und Positives bei anderen zu finden. Doch Zeit dafür ist immer gegeben, wahrscheinlich legte er keinen Wert darauf. Das Ergebnis kennen Sie auch – er ist heute kein Verkäufer mehr. Natürlich bin ich wichtig – für mich! Jeder lebt in seiner Welt, und lebt darin so, wie er sie sich einrichtet. Und jeder ist in seiner Welt okay. Die Kunst ist, auch die Welt des anderen anzuschauen, nicht unbedingt zu teilen oder zu verstehen, aber dennoch Toleranz und Verständnis aufzubringen. Sicher gibt es Gründe, warum andere Menschen die Welt anders sehen als wir, die Welt aus ihrer eigenen Sicht erleben. Erwarten Sie von denen nicht auch Toleranz und Verständnis für Ihre persönlichen Ansichten? Gestehen Sie das, was Sie vertreten, auch anderen zu, beschäftigen Sie sich mit deren Standpunkt. Damit meine ich nicht, sich selbst aufzugeben, zu verleugnen oder gar in den Hintergrund zu stellen. Natürlich bin auch „ich" wichtig. Ich sollte mich nicht unter meinen Kunden stellen, aber mich auch nicht über ihn hinwegheben – also wichtiger sein als er. Ein alter Spruch sagt: „Der Kunde ist König". Also, behandeln Sie Ihren Kunden wie einen König. Das ist ganz leicht, denn niemand verlangt von Ihnen, dass Sie sich wie ein Bettler fühlen. Fühlen Sie sich selbst auch wie ein König. Sprechen Sie mit Ihrem Kunden auf derselben Ebene – von König zu König. Bringen Sie Ihren Kunden das notwendige Verständnis entgegen und tolerieren Sie deren Ansichten. Bedenken Sie, jeder Mensch hat Fehler. Sicher möchten Sie trotz Ihrer Fehler von anderen so akzeptiert werden, wie Sie sind. Das bedeutet, was Sie von anderen erwarten, müssen Sie auch bereit sein, anderen zu geben. Fazit: Akzeptieren Sie den anderen so, wie er als Mensch ist, weder gut noch schlecht, und so, wie auch Sie akzeptiert werden möchten.

Ihr Kunde ist König – Sie auch!

Beziehungskiller – Beziehungsförderer

Da wir nun wissen, dass jeder Mensch sich am meisten für sich selbst interessiert, ist es relativ einfach, herauszufinden, was unseren Kunden interessiert. Er interessiert sich für sich und für seine Probleme. Deshalb ist es besonders wichtig, dass wir unser Augenmerk auf ihn richten. Somit gibt es im Gespräch Wörter, die eine Beziehung fördern und Wörter, die sie hemmen. „Anti´s" sind z. B.: ich, mir, meine, mich, wir, unser... Mit diesen Wörtern stellen wir uns in den Vordergrund, doch der Kunde will wichtig genommen sein. Es ist unsere Aufgabe, über ihn und über seine Probleme zu sprechen, uns ehrlich für ihn zu interessieren. Die „Pro´s" heißen deshalb: Sie, Herr Kunde, Sie erhalten, Sie meinen, Sie wollen usw. All das sind Beziehungsförderer. Und noch eines ist

wichtig: Als Sender einer Botschaft sind Sie dafür verantwortlich, wie die Botschaft bei Ihrem Kunden ankommt. Lassen Sie uns ein paar Beispiele formulieren, an denen sich der Unterschied deutlich zeigt:

Killerformulierungen	kundenorientierte Formulierungen
Da haben Sie mich falsch verstanden	Da muss ich mich unklar ausgedrückt haben
Da täuschen Sie sich aber!	Könnte es sein, dass...?
Ich bin überzeugt von.....	Wollen Sie sich davon überzeugen....
Das ist doch völlig unmöglich!	Sie überraschen mich
Das gibt's doch nicht!	Wäre es möglich, dass ...?
Sie müssen doch einsehen ...	Können Sie sich vorstellen, dass...?
Ja Moment, ich kann doch nicht hexen!	Kleinen Moment, Sie werden gleich bedient
Wir bieten	Sie erhalten...
Ich erkläre Ihnen jetzt ...	Sie erfahren jetzt...
Jawohl, wir prüfen das	Ich überprüfe das in der nächsten Stunde und rufe Sie um 16.00 Uhr zurück

Die kundenorientierten Formulierungen sind deshalb so wichtig, weil Sie durch das, was Sie Ihrem Kunden sagen und wie Sie es sagen, bei ihm eine innere Kommunikation auslösen, d. h. Ihr Kunde wird sich davon Bilder machen oder mit sich darüber sprechen (innerer Dialog) und sich dementsprechend gut oder schlecht fühlen. Da Sie als Beziehungsmanager für das Gefühl Ihres Kunden verantwortlich sein sollten, ist es auch Ihre Aufgabe, die richtigen Formulierungen zu verwenden so dass Ihr Kunde in den richtigen Zustand versetzt wird. Manchmal hängt ein Abschluss davon ab, ob Sie Ihr Angebot mit der richtigen Formulierung, d. h. aus der richtigen Perspektive präsentieren.

Vielleicht kennen Sie die kleine Geschichte, bei der die Formulierung nicht nur fördernd, sondern überlebensnotwendig war. Ein Sultan ließ einen Propheten kommen, um sich die Zukunft voraussagen zu lassen. „Mein Sultan, Sie werden miterleben, wie Ihre Frau und Ihre Kinder sterben", sagte er, worauf der Sultan zornig wurde und den Propheten hinrichten ließ. Um sich zu trösten, ließ der Sultan einen anderen Propheten kommen, um von diesem die Zukunft zu erfahren. Dieser sagte: „O großer Sultan, Sie sind mit einem langen Leben gesegnet. Und Sie werden Ihre gesamte Familie überleben." Über diese Aussage freute sich der Sultan sehr und belohnte den Propheten mit einem Säckchen Gold. Beide Propheten kannten zwar die Wahrheit, aber der zweite wusste außerdem, die richtige Formulierung für den Sultan zu wählen. So wie bei den Propheten liegt es bei Ihnen, ob Sie Ihrem Kunden sagen „Wir bieten" oder „Sie erhalten". Die Frage ist, welche Formulierung Ihr Kunde angenehmer empfindet. Vielleicht belohnt auch er Sie mit einem Säckchen Gold, wenn Sie sagen „Sie erhalten".

Es kommt auf die Formulierung an

Übung:

Notieren Sie in Ihrem persönlichen Strategieheft einige Sätze, die Sie häufig oder regelmäßig bei Kundengesprächen verwenden. Überprüfen Sie diese und formulieren Sie sie gegebenenfalls in kundenorientierte Aussagen um.

Der Beziehungsmanager – der Verkäufer der Zukunft

Deutschlands Trend-Guru Gerd Gerken sagt in seinem Sales Profi-Interview 2/94 unter anderem: „Nicht das Ausgefeilte der Argumente ist es, was zum Kauf animiert, sondern das Gemeinsame zwischen den Gesprächspartnern." Der Kunde wird nach Aussage von Gerken zum Verbündeten des Verkäufers.

In derselben Ausgabe unter „Trends" stellt auch die Beraterin im Top-Management, Professor Dr. Gertrud Höhler, folgendes Postulat auf: „Zwischen Unternehmen, Verkäufern und Kunden muss ein neues Beziehungssystem entstehen!" Sie schreibt unter anderem, dass das „Entdecken der Freundlichkeit" (Lächeln, Mitfühlen usw.) bei Menschen Wunder auf der Beziehungsebene bewirkt. „Der Kunde muss gleichwertige Ebenen spüren, dann fühlt er sich ernstgenommen, dann bindet er sich auch emotional an das Unternehmen".

Bei gleichen Produkten und/oder gleichem Preis entscheidet die Beziehungsebene

Wenn das alles stimmt – und ich kann dies aufgrund meiner eigenen Erfahrung absolut unterschreiben – dann liegt die Macht, dies zu erzeugen und zu erhalten, im Beziehungsmanagement, d. h., der Verkäufer steht mit dem Kunden in einer kontinuierlichen, lebendigen Beziehung. Wo Märkte enger werden und Produkte, Leistungen, Angebote und Preise sich immer mehr angleichen, entscheidet die Beziehungsebene ganz wesentlich darüber, bei wem der Kunde gerne Kunde ist und bleibt. Kommt keine emotionale Beziehung zwischen Ihnen und Ihrem Kunden zustande, fehlt möglicherweise dieses notwendige Vertrauen. Dann ist es meist der Preis, und nicht Sie als Person, der den größten Einfluss auf die Kaufentscheidung des Kunden hat. Wenden Sie die Möglichkeit der emotionalen Vertrauensbindung an. Viele Kunden bewerten diese vertrauensvolle Beziehung oftmals höher als den Namen eines Unternehmens. Es ist sogar schon vorgekommen, dass, nachdem ein Kundenberater bzw. Verkäufer seinen Arbeitgeber gewechselt hat, auch einige seiner Kunden „mitwechselten". So wirksam kann Beziehungsmanagement sein.

Geben Sie Ihrem Kunden das notwendige Vertrauen. Vertrauen ist Sicherheit und Sicherheit ist nichts anderes als ein Zustand, ein Gefühl. Bringen Sie Ihren Kunden in diesen Zustand. Eine Chance, die jeder Verkäufer nutzen kann und muss. Immer wieder werde ich gefragt: „Wie baue ich denn ein nachhaltiges Beziehungsmanagement auf? Was kann ich denn wirksam dafür tun? Muss ich jetzt auch noch darauf achten?"

„Es sind nicht die Umstände, die den Menschen schaffen, der Mensch ist es, der die Umstände schafft" (Zitat von Benjamin Disraeli). Sehen Sie es also nicht als zusätzlichen Umstand, sondern als Chance, kundenorientierte Beratung durchzuführen, ihrem Kunden ein gutes Gefühl zu geben, mit Ihnen Geschäfte zu tätigen.

Fazit:

— Behandeln Sie Ihren Kunden nicht als einen „Bezahler", sondern sehen Sie ihn als Menschen.
— Bringen Sie Ihren Kunden in einen positiven Zustand, um ein
   positives Verhalten zu erreichen.
— Ihr Kunde ist „König". Sprechen Sie mit ihm auf derselben Ebene – von König zu König.
— Sichern Sie sich Ihr „Säckchen Gold", indem Sie kundenorientierte Formulierungen verwenden.
— Bauen Sie bei Ihrem Kunden das Gefühl von Vertrauen auf.

Gutes Beziehungsmanagement unterliegt einfachen, aber wirkungsvollen Grundregeln. Das von mir geführte IN*tem*-Institut in
Mannheim (Institut für Trainingsentwicklung und Methodenforschung) hat diese Grundregeln in den 10 Geboten des Beziehungsmanagements manifestiert:

1. Schaffen Sie mit Ihrem Kunden Gemeinsamkeiten.

2. Nutzen Sie die einmalige Chance des ersten Eindrucks.

3. Sprechen Sie Ihren Kunden mit seinem Namen an.

4. Zeigen Sie Ihrem Kunden Ihr ehrliches Interesse.

5. Haben Sie den Mut, Ihre eigene Individualität zu

   entwickeln.

6. Fragen Sie gut, aber hören Sie noch besser zu.

7. Geben Sie aufrichtig Lob und Anerkennung.

8. Achten Sie auf den Standpunkt des anderen.

9. Sagen Sie Ihrem Kunden, welchen Nutzen er beim Kauf

   hat.

10. Mögen Sie Ihre Kunden.

Entdecken Sie Ihre Fähigkeiten, die Welt des Kunden zu betreten

1. Gebot: Schaffen Sie mit Ihrem Kunden Gemeinsamkeiten.

Ich hatte einmal die Aufgabe, für einen wohlhabenden Kunden den Verkauf seines Villenanwesens durchzuführen. Wir hatten für 11.30 Uhr einen Termin vereinbart, und ich fuhr rechtzeitig los, um pünktlich zu sein. Da die Autobahn schön frei war, konnte ich mich gedanklich gut auf den Termin vorbereiten und mein Verkaufsgespräch in Gedanken in unterschiedlichen Varianten durchspielen. Als ein Ausfahrtschild auftauchte, war ich erstaunt, da ich nicht genau wusste, wo ich mich befand. Nach Überprüfung stellte ich fest, dass ich die richtige Ausfahrt verpasst hatte und bereits zu weit gefahren war. Durch den Umweg kam ich erst um 12 Uhr zu meinem Termin. Mein Kunde war sichtlich sauer und ließ mich das auch sofort spüren. Er sagte, dass er nur noch bis 12.30 Uhr Zeit hätte. Auch meine offene und ehrliche Entschuldigung ließ ihn unbeeindruckt. Er gab mir die Pläne des Anwesens und erklärte mir einige Details. Ich sagte ihm, dass ich mir Notizen machen wollte und nahm meinen Block und meinen Füllfederhalter zur Hand. Als mein Kunde sah, dass ich mit einem Füller schrieb, hielt er inne, schaute mich an und sagte ganz begeistert: „Sie schreiben mit einem Füllfederhalter, das ist aber schön. Ich habe einen Prokuristen, der alle meine Geschäfte abwickelt, und der schreibt auch mit einem Füllhalter. Das hat mich schon immer begeistert!" Mein Kunde assoziierte also Eigenschaften seines ihm vertrauten Prokuristen mit mir. Er war wie verwandelt, stand auf, zeigte mir sein gesamtes Anwesen vom Keller bis zum Speicher und erklärte mir alle Details in den Plänen. Darüber hinaus gab er mir genaue Auskünfte, wie er sich den Verkauf vorstellte. Um 12.30 Uhr beendete er auch nicht, wie angedroht, das Gespräch, sondern wir hatten eine lange und angenehme Unterhaltung bis kurz nach 14 Uhr. In dieser Zeit habe ich alles Wissenswerte von meinem Kunden erfahren. Wahrscheinlich war es nur die Kleinigkeit des Füllfederhalters, die dazu beigetragen hatte, in mir nicht einen unzuverlässigen, sondern vertrauenswürdigen Menschen zu sehen. Ich erhielt dadurch eine Chance, meine Zuverlässigkeit unter Beweis zu stellen, eine Chance, die durch eine Gemeinsamkeit mit einem anderen ausgelöst worden war. Doch es gibt weit mehr als nur kleine Gemeinsamkeiten, um mit anderen gut zurechtzukommen.

Wenn Sie sich zurückerinnern, wird es Menschen in Ihrem Leben gegeben haben, mit denen Sie völlig im Einklang waren – ein Partner, ein Freund, jemand aus der Familie oder sonst jemand. Lag es vielleicht daran, dass Ihre Gefühle, Ansichten, Ihre Einstellung, Ihre Glaubensprinzipien, die Art und Weise, sich auszudrücken oder die Gestik gleich oder ähnlich waren? Kann es sein, dass das Gefühl entstand, sich besonders gut zu verstehen, gleich zu „schwingen", gleich zu denken? Diese Übereinstimmung nennt man die Fähigkeit, die Welt des anderen zu betreten. Es bedeutet, ihm das Gefühl zu geben, dass er verstanden wird und dass eine Verbindung zwischen ihm und Ihnen besteht. Als guter Verkäufer und Berater sollten Sie in der Lage sein, diese starke gegenseitige Verbindung herzustellen. Wie funktioniert das? Indem man Gemeinsamkeiten schafft oder entdeckt. Dazu gibt es viele Möglichkeiten, gleich ob in Beruf oder Freizeit, durch ähnliche Erfahrungen oder anderes. Diese Gleichheiten entstehen im allgemeinen dadurch, dass man über dasselbe spricht und werden meistens durch Worte vermittelt und ausgetauscht. Jedoch haben Untersuchungen ergeben, dass Kommunikation und Beziehungsmanagement nicht nur aus Worten bestehen, sondern sich wie folgt zusammensetzen:

Gemein-samkeiten sind der Eingang in die „Welt" Ihres Kunden

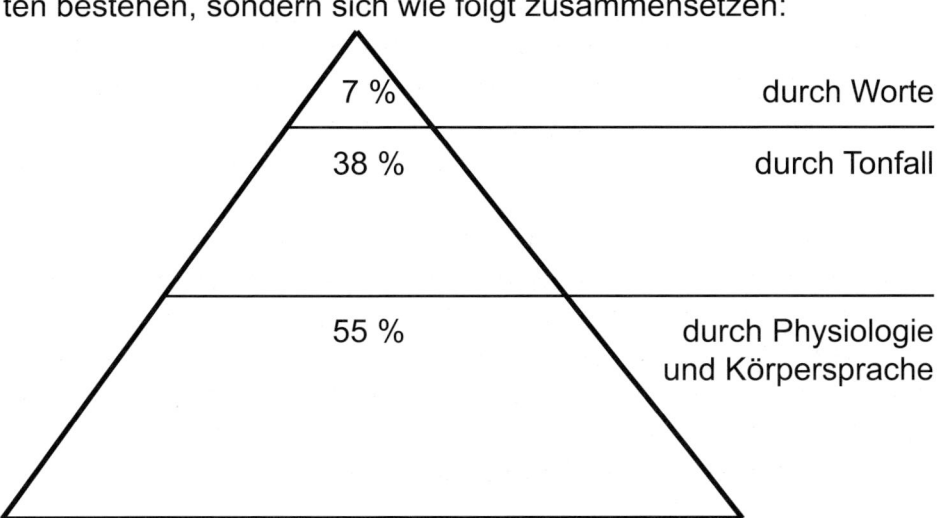

7 %   durch Worte

38 %   durch Tonfall

55 %   durch Physiologie und Körpersprache

Wir wirken immer, auch wenn wir nichts sagen

Wie diese Pyramide zeigt, kommt die Beziehung zu unserem Kunden zu etwa 90 % aus dem nonverbalen Bereich und dem Eindruck, den wir vermitteln. Nur ca. 10 % bestehen aus effektiven Fakten, also dem, was wir mit Worten ausdrücken. Das bedeutet, dass Gestik, Mimik, Tonfall, Physiologie und der Ausdruck unseres Körpers die wichtigsten Kommunikationsfaktoren sind. Somit kommuniziere ich nicht nur verbal mit meinem Partner, sondern auch nonverbal, wobei der nonverbalen Kommunikation der weit größere Anteil zuzuschreiben ist. Prüfen Sie dies doch einmal selbst. Denken Sie an einen Kunden, bei dem Sie sich besonders wohlfühlen, zu dem Sie besonders gern gehen, mit dem Sie besonders gerne Geschäfte machen. Inwieweit ähneln seine Sprache, die Sprechweise, seine Bewegung von Kopf, Armen und Händen, Aussehen, Auftreten, Einstellungen, Neigungen und Hobbys den Ihren? Als nächstes denken Sie an einen Kunden, mit dem Sie nicht so gut zurechtkommen. Überprüfen Sie auch hier die angegebenen Punkte. Haben diese Kunden eine schnellere oder langsamere Sprechweise? Vielleicht andere Hobbys oder sehen sie anders aus und verhalten sich anders als Sie? Vielleicht leben diese Kunden sogar in einer anderen Welt, zu der Sie nicht gehören möchten?

Worte wirken auf das Bewusstsein, Ton und Körper auf das Unterbewusstsein

Wir mögen Menschen, die so sind wie wir, oder Menschen, die Eigenschaften besitzen, die wir selbst gerne hätten. Gleich und gleich gesellt sich gern. Wir identifizieren uns mit gleichgesinnten Menschen. Vielleicht gehören wir demselben Verein an, sehen dasselbe Fernsehprogramm oder hören gerne dieselbe Musik. Es gibt viele Untersuchungen, die festgestellt haben, dass die wirkungsvollste Form der Verbindung zu einer anderen Person sich ausdrückt in der Angleichung von Körperhaltung, Gestik, Mimik, Tonfall usw. Wir können, indem wir mit dem anderen gleich schwingen, eine gute Atmosphäre erzeugen, d. h. eine Gemeinsamkeit herstellen, denn: Worte wirken auf das Bewusstsein eines Menschen, Physiologie und Körpersprache hingegen wirken auf das Unterbewusstsein. Da all dies von unserem Gesprächspartner empfangen und unbewusst gedeutet wird, empfindet er: „Dieser Mensch ist wie ich. Er muss in Ordnung sein!" Die so entstehende Verbindung ist umso wirksamer, da sie unbewusst geschieht und lässt ein starkes Beziehungsfeld entstehen. Dies tritt in der

Regel immer dann auf, wenn Menschen gemeinsam einige Zeit verbringen und sich gut verstehen. Ganz unwillkürlich „schwingen" sie dann gleich. Versuchen Sie einmal, dies zu beobachten. Sie können daraus auch Nutzen für Ihr Beziehungsmanagement ziehen, indem Sie dieses „Schwingen" bewusst herstellen. Durch Angleichen Ihrer Körpersprache und Ihrer Physiologie an die Ihres Kunden wird dieser sich wohl fühlen und ganz unbewusst eine gute Beziehung zu Ihnen aufbauen. Vielleicht fragen Sie sich jetzt, was das soll? Soll ich meinen Kunden nachahmen? Ich gebe doch meine eigene Persönlichkeit nicht auf! Gleich zu schwingen ist nicht unnatürlich. Bei Personen, mit denen Sie sich gut verstehen, ist ein bewusstes Herstellen nicht notwendig, da Sie ganz automatisch und natürlich mit diesen „schwingen". Doch haben Sie keine Angst davor, diesen Gleichklang bewusst herbeizuführen. Probieren Sie es einfach einmal aus und Sie werden bald bemerken, wie verbunden sich Ihre Kunden mit Ihnen fühlen. Die Forschung hat festgestellt, dass es wahrscheinlich in den Anfängen der Menschheit entscheidend war, ob sich ein Mensch im Takt mit einem anderen Menschen bewegte. Die Forscher glauben heute, dass es der Rhythmus ist, mit dem wir einander, damals wie heute, zeigen, dass wir zur selben Gruppe gehören. So ist es auch zu erklären, dass man mit manchen Kunden sehr gut zurechtkommt, obwohl man sie noch gar nicht persönlich kennt, zu anderen aber nur sehr schwer einen Zugang findet, obwohl man schon häufig mit ihnen gesprochen hat. Oder schauen Sie doch einmal ein frisch verliebtes Pärchen an. Diese beiden Menschen verstehen sich bestens. Sie werden feststellen, dass diese beiden dieselbe Haltung haben, denselben Tonfall wählen und oftmals sogar dieselben Worte benutzen. Diese Übereinstimmungen sind ein ganz natürlicher Vorgang. Trainingsteilnehmer bestätigen immer wieder, dass selbst neue Kunden, mit denen Sie „schwingen", das Gefühl hatten, als würden sie ihren Verkäufer schon lange kennen. Ein gutes Gefühl, ein Gefühl, das Vertrauen schafft. Sicherheit ist nichts anderes als Vertrauen, und dies wird durch ein Gefühl erzeugt.

„Gleich und gleich gesellt sich gern"

Übung:

Achten Sie bei Ihrem nächsten Verkaufsgespräch auf die Körperhaltung und den Ton Ihres Gesprächspartners. Nehmen Sie während des Gespräches eine ähnliche Körperhaltung ein. Versuchen Sie Ihren Ton und Sprechrhythmus anzugleichen. Sobald Ihr Gesprächspartner seine Haltung ändert, folgen Sie ihm zeitversetzt mit Ihrer Körperhaltung. Achten Sie darauf, dass er es nicht bemerkt. Beobachten Sie, welche Stimmung, welches Gefühl während des Verkaufsgespräches entsteht. Erst wenn Sie ein gemeinsames „Schwingen", d. h. wohlfühlen, erreicht haben, präsentieren Sie Ihre besten Argumente.

Sie haben nur eine Chance

2. Gebot: Nutzen Sie die einmalige Chance des ersten Eindrucks.

Es liegt schon einige Jahre zurück, dass ich für mein Unternehmen eine EDV-Anlage kaufte. Es ging um eine Anschaffung von ca. 10.000 EUR. Ich suchte ein EDV-Verkaufsbüro auf, um die gewünschte Anlage zu bestellen. Da bereits andere Kunden bedient wurden, musste ich einen Augenblick warten. Als sich der Verkäufer schließlich mir zuwandte, ließ ich mir erstaunlicherweise nur ein paar Prospekte mitgeben. Ich fragte noch nicht einmal nach dem Preis und war schon wieder draußen. Zurück in meinem Büro fragte ich mich selbst, warum ich entgegen meinem festen Kauf-Vorsatz die EDV-Anlage nicht bestellt hatte, zumal mir der Händler empfohlen worden war. Ich ließ den Ablauf vor meinen Augen nochmals Revue passieren. Da war der Verkaufsraum. Die Unordnung und die verstreuten Prospekte gefielen mir nicht. Weiterhin erinnerte ich mich, dass einer der Verkäufer rauchte, während er einen Kunden bediente, ein anderer beim Telefonieren sein Frühstücksbrot verzehrte. Mein Verkäufer verhielt sich hektisch, da er eine für ihn wichtige Nachricht erwartete. In mir entstand das Gefühl „Da will ich einfach nicht Kunde sein", und ich ließ mir nur die Prospekte aushändigen.

Erst später erfuhr ich, dass der Verkäufer, der mich bediente, ein hoch ausgebildeter Systemanalytiker ist, der mit Sicherheit mein kleines EDV-Equipment richtig und bestmöglich zusammengestellt hätte. Ich hatte mir aufgrund meines ersten Eindrucks aber eine Meinung gebildet, die dem EDV-Berater überhaupt keine Chance ließ, seine professionellen Kenntnisse an den Mann zu bringen.

Um es salopp auszudrücken: Der Mann hatte zwar das Wissen und das Können, jedoch „was hat es ihm genützt" oder auch „dumm gelaufen" – und das Schlimme daran ist, er hat nie erfahren, warum ich nicht bei ihm gekauft habe.

Um mein EDV-Problem zu lösen, erinnerte ich mich schließlich eines Trainingsteilnehmers, den ich in einem meiner Seminare kennengelernt hatte und der in der EDV-Branche tätig war. Ein kurzer Anruf genügte und er kam sofort. Nach einer Stunde hatte ich meine EDV-Bestellung aufgegeben. Dieser Verkäufer war kein hochausgebildeter Systemanalytiker, aber ich hatte schon damals, als ich ihn kennenlernte, einen sehr guten Eindruck von ihm gewonnen.

Für vieles auf dieser Welt gibt es zwei oder mehrere Chancen. Wenn Sie auf einer Rechnung einen falschen Betrag eingesetzt haben, dann führen Sie eben eine Korrekturbuchung durch. Wenn Sie Ihr Umsatzziel nicht geschafft haben, dann versuchen Sie es solange, bis Sie es erreichen. Nur bei einer Sache gibt es keine zweite Chance: Beim ersten Eindruck!

Beim ersten Eindruck gibt es keine zweite Chance

Das Institut „Princeton Research & Consulting Center" in den USA hat bei einer Untersuchung Folgendes festgestellt: In drei von vier Fällen wird die endgültige Kaufentscheidung aufgrund des ersten Eindrucks beim ersten Verkaufskontakt gefällt. Also, richten Sie sich darauf ein, denn 75 % Ihrer Kunden könnten aufgrund des ersten Eindrucks von und mit Ihnen ihre endgültige Kaufentscheidung bereits zu diesem frühen Zeitpunkt fällen. Dazu gehört ein korrektes, seriöses und gepflegtes Äußeres. Doch dies allein ist noch nicht entscheidend, ebenso wichtig oder gar wichtiger ist das, was Sie sagen und wie Sie es sagen, was Sie tun und wie Sie es tun. Überdenken Sie einmal Ihre Handlungen und Aussagen, nachdem Sie „Guten Tag" gesagt haben. Reden Sie nur von sich oder von Ihrem Kunden? Was ist für Ihren Kunden von Interesse? Wie ist Ihr Tonfall, Ihre Gestik, Ihre Mimik, Ihre Körpersprache? Was denken Sie in diesen Sekunden von Ihrem Kunden? Wie gehen Sie auf ihn zu? Wie sieht es mit einem kleinen Lächeln aus?

Übung:

Beantworten Sie sich diese Fragen und notieren Sie Ihre Antworten in Ihrem persönlichen Strategieheft. Überlegen Sie, was manchmal geschieht, wenn Stress und Hektik herrschen. Suchen Sie Alternativen. Prüfen und notieren Sie wirkungsvolle Eröffnungsvarianten für Ihren Kunden. Probieren Sie diese dann in der Praxis aus. Sehen, hören und fühlen Sie aufmerksam, wie Ihr Gesprächspartner reagiert. Ändern Sie gegebenenfalls Ihr Verhalten und probieren Sie es immer wieder aus, bis Sie mit sich und der Reaktion der anderen zufrieden sind.

Versuchen Sie, Ihr Selbstbild (wie ich mich sehe) und das Fremdbild (wie der andere mich sieht) so gut wie möglich mit Ihrer und der positiven Erwartungshaltung des Kunden in Einklang zu bringen. Dann ist es Ihnen gelungen, einen guten, nachhaltigen ersten Eindruck zu schaffen. Machen Sie sich bewusst: Diese Chance gibt es nur einmal! Selbst, wenn Sie den Kunden ein 2. oder 3. Mal besuchen, wird es in gewisser Weise doch immer wieder einen ersten Eindruck geben. Dieser erste Eindruck sollte Ihrem Kunden sofort das Gefühl geben, dass er im Mittelpunkt steht. Versuchen Sie gleich zu Beginn des Gespräches, mit Ihrem Kunden die richtige „Schwingung" aufzunehmen. Besonders wichtig hierbei sind nicht nur verbale und nonverbale Schwingung, sondern auch die Berücksichtigung der Stimmung des Kunden. Einen Kunden, der deprimiert oder traurig ist, sollten Sie nicht in der ersten Sekunde mit „Hallo, hier ist unser Top-Angebot der Woche!" überfallen. Beobachten Sie Ihren Kunden, wie er spricht, wie er sich verhält und bewegt und passen Sie sich diesem Verhalten an. Einem Kunden, der fröhlich und lachend vor Ihnen steht, sollten Sie hingegen Ihr

Angebot nicht mit monotoner Stimme unterbreiten. Klinken Sie sich in die Stimmungslage Ihres Kunden ein. Dann wird Ihr erster, zweiter und dritter Eindruck, den Sie beim Kunden erwecken, zu einer Ihrer stärksten Verhaltensweisen werden. Wenn Sie Ihren Kunden in seiner ganzen Art und Weise erfassen wollen, gibt es eine einfache, mentale Übung, die Sie bei jedem Kundenkontakt durchführen können, indem Sie zu sich selbst sagen: „Ich respektiere Dich, wie Du bist und ich verstehe Dich. Ich akzeptiere Dich so, wie Du bist." Auf diese Weise werden Sie sich nicht über eine negative Stimmung Ihres Kunden ärgern, sondern diese gemeinsam mit ihm erleben.

Sagen Sie Ihrem Kunden sein Lieblingswort

3. Gebot: Sprechen Sie Ihren Kunden mit seinem Namen an.

Ich bin sicher, Sie alle kennen das Lieblingswort Ihres Kunden – es ist sein Name! Sprechen Sie ihn mit seinem Namen an. Nicht nur bei der Begrüßung, sondern auch während des gesamten Beratungs- und Verkaufsgespräches bis zur Verabschiedung. Haben Sie keine Scheu: Er hört es wirklich gerne. Millionen von Euro, Dollar, Yen usw. werden in Stiftungen eingebracht. Für einen guten Zweck? Für ein erstrebenswertes Ziel? Ja, sicher, aber auch für das Fortbestehen des eigenen Namens. Soviel Geld müssen Sie selbst nicht ausgeben. Es reicht, wenn Sie Ihren Kunden mit seinem Namen anreden.

Sprechen Sie Ihren Kunden mit Namen an – und er spürt, dass er Ihnen wichtig ist!

Bei einem Trainingsintervall, in dem dies eine Umsetzungsaufgabe für die Teilnehmer war, passierte Folgendes: Ein Verkäufer war überrascht, als er einen großen Auftrag erhielt, mit dem er eigentlich nicht gerechnet hatte. Der Kunde hatte einen schwer auszusprechenden Namen. Um diesen zu behalten und auch der Umsetzungsaufgabe gerecht zu werden, wiederholte der Teilnehmer den Namen während des Verkaufsgespräches immer und immer wieder. Nach ca. einer Stunde, am Ende des Gespräches, war er insgeheim stolz darauf, sich diesen Namen nun merken zu können. Der Kunde aber war davon so beeindruckt und angenehm angetan, dass er spontan noch am selben Tag das Geschäft mit dem Verkäufer abschloss.

Jeder Mensch hört gerne seinen Namen und fühlt sich besonders gut behandelt oder betreut, wenn er häufig mit dem Namen angesprochen wird, es gibt ihm ein Gefühl der Wertschätzung, ein Gefühl, mit dem anderen vertraut zu sein, ein Gefühl, dessen Wichtigkeit nicht genug betont werden kann. Doch nicht immer ist es ganz leicht, sich alle Namen zu merken.

„Guten Tag, Herr .... äh!"

Vielleicht kennen auch Sie die Situation: Sie sitzen in einem Lokal, ein neuer Gast tritt ein, setzt sich an den Nachbartisch und grüßt Sie freundlich. Sie grüßen zurück, und er spricht Sie mit Ihrem Namen an, aber... Sie können sich an seinen Namen nicht erinnern. Eine recht peinliche Situation, die nicht nur in der Gaststätte, sondern oft auch in anderen Bereichen unseres Lebens eintreffen kann. Wäre es nicht gut, wenn es uns gelänge, uns nachhaltig Namen zu merken? Ist das im geschäftlichen Bereich nicht besonders wichtig? Ich glaube ja. Wie können Sie das erreichen? Nicht immer ist ein Name so einprägsam wie z. B. Herr Bauer. Hier können Sie einfach Herrn Bauer mit einem Landwirt in Verbindung bringen. Auch, wenn Herr Bauer gar nichts mit einem echten Bauern gemein hat, hilft diese Vorstellung unserem Gedächtnis. Was aber, wenn der Partner gar Kollakowsky heißt? Vielleicht helfen Ihnen die folgenden 5 Tipps, wenn Sie wieder einmal mit einem besonders kniffligen Fall zu tun haben:

Ihr Wille entscheidet!

1. Der wohl wichtigste Punkt zum Thema „Namen merken" ist der, dass Sie sich den Namen wirklich einprägen wollen. Immer wieder hören wir im Training „Ich kann mir Namen einfach nicht merken, deshalb probiere ich es erst gar nicht" – und ähnliche Aussagen. Und siehe da, dieser konkreten Ablehnung kommt unser Unterbewusstsein natürlich nach und gibt unseren Gedanken recht, indem es sich die Namen erst gar nicht merkt. Doch jeder kann sich Namen merken! Die Frage ist: „Will ich es überhaupt?". War es nicht so, als Sie verliebt waren, brauchten Sie den Namen des Partners nur einmal zu hören, um ihn sofort zu behalten? Also, „Namen merken" hängt vom Wollen ab, deshalb sagen Sie sich „Es macht mir Spaß, wenn ich mir gut

Namen merken kann!", d. h. motivieren Sie sich, es zu können und überlegen Sie sich, welche Vorteile Sie haben, wenn Sie es können.

2. Verschaffen Sie sich einen nachhaltigen Eindruck, d. h. hören Sie sich den Namen genau an und schreiben Sie ihn eventuell sofort auf. Lassen Sie sich schwierige Namen buchstabieren und notieren Sie mit, ganz gleich, ob dies im persönlichen Gespräch oder am Telefon geschieht.

3. Prägen Sie sich von der Person so viele Einzelheiten wie möglich ein, wie Gesicht, Augen, Bart, Frisur oder die Stimme: hoch/tief, die Größe und andere besondere Merkmale oder Eigenschaften.

4. Wiederholen Sie den Namen häufig, d. h. lassen Sie den Namen Ihres Partners immer wieder in das Gespräch einfließen. Benutzen Sie seinen Namen sofort und so oft wie möglich. Wiederholen Sie den Namen eventuell auch später alleine für sich selbst und schreiben Sie ihn einige Male nieder.

5. Assoziieren Sie die Person mit einem von Ihnen erdachten Bild, beim Merken des Namens müssen die Person und das erdachte Bild fest miteinander verknüpft werden oder die Person muss Bestandteil des Bildes sein. Dann werden Sie beim nächsten Zusammentreffen mit dieser Person ganz automatisch dieses Bild wieder vor Augen haben. Wir benutzen zwei verschiedene Methoden, um uns Namen zu merken. Zunächst unterscheiden wir sie in Namen mit konkreter Bedeutung, z. B. Berufsbezeichnungen: Müller, Schreiner, Schuster usw. oder Tiernamen, z. B. Hase, Vogel usw. Am Beispiel von Herrn Bauer bedeutet das: Wir stellen uns Herrn Bauer als einen Bauern vor. Dann gibt es Namen ohne konkrete Bedeutung. Diese Gruppe erfordert von uns eine Portion Phantasie, mit der wir uns Bilder schaffen, z. B. Herr Strambach: „steht stramm in einem Bach" oder Herr Seßler: „baut Sessel" oder der bereits erwähnte Herr Kollakowsky: Stellen Sie sich ihn beim Skifahren vor, indem er eine Colaflasche auf dem Kopf hat. Also „Hat

Ein Bild hilft mehr als tausend Wiederholungen

Cola auf dem Kopf und fährt Ski" = Kollakowsky. Sie sehen, eine kreative Herausforderung, die Spaß macht, denn Bilder bleiben in unserem Gedächtnis sehr lange gespeichert und abrufbereit. Damit dies auch nachhaltig erreicht wird, ist beim Merken von Bildern, die wir später assoziieren wollen, wichtig, diese Bilder zu über oder untertreiben, sie so farbig wie möglich zu gestalten. Je bizarrer, desto besser! Also, nur Mut zum Probieren – unsere Gedanken kann noch keiner lesen!

Übung:

Vielleicht gibt es auch in Ihrem Kundenkreis Namen, bei denen es Ihnen schwerfällt, sich diese zu merken. Es ist, wie alles, auch hier eine Frage der Übung. Deshalb nehmen Sie bitte Ihr persönliches Strategieheft und notieren Sie sich die Kundennamen, die Sie sich nur schwer merken können. Überlegen und notieren Sie dann, welche Bilder Sie zu den Kunden oder deren Namen assoziieren können. Probieren Sie das Assoziieren dieser Bilder dann aus, wenn Sie diese Kunden das nächste Mal sehen.

Wie Ihnen ehrliches Interesse am Kunden hilft

4. Gebot: Zeigen Sie Ihrem Kunden Ihr ehrliches Interesse.

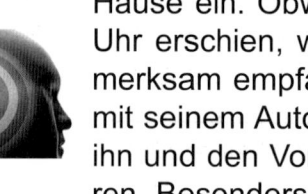

Ein Seminarteilnehmer erzählte mir folgendes Verkaufserlebnis. Karl B. hatte einen etwas schwierigen Interessenten. Da er keinen Termin bei ihm erhielt, lud er ihn für abends 18 Uhr zu sich nach Hause ein. Obwohl Herr Schmidt, der Interessent, erst um 19.30 Uhr erschien, wurde er dennoch von Karl B. freundlich und aufmerksam empfangen. Herr Schmidt erzählte von den Problemen mit seinem Auto, Karl B. hörte zu, er interessierte sich wirklich für ihn und den Vorfall. Er erfuhr, dass oft auch andere das Auto fahren. Besonders schlimm war es immer dann, wenn der Sohn von Herrn Schmidt damit unterwegs gewesen war. Karl B., der weiterhin interessiert zuhörte, erfuhr auf diese Weise von den Problemen Herrn Schmidts mit seinem Sohn. Nach einer Stunde kannte Karl B. alle Schwierigkeiten, die unser Herr Schmidt mit seinem Filius hatte, die Auswirkungen auf seine Familie und die Firma und andere mehr. Es war bereits 22 Uhr, als die beiden sich immer noch unterhielten. Karl B. versuchte, möglichst viele Tipps, Anregungen und eigene Erfahrungen an den Kunden weiterzugeben. Er übernahm sogar die Aufgabe, Herrn Schmidt einige Unterlagen in Bezug auf den Sohn zu besorgen. Karl B. interessierte sich wirklich und ehrlich für diesen Menschen. Als um 23 Uhr das Gespräch endete, hatte Herr Schmidt keinen Abschluss getätigt. Karl B. nahm sich noch 10 Minuten Zeit, um ihm kurz sein Verkaufsanliegen zu erklären und ihm seine bereits zusammengestellte Verkaufsmappe mitzugeben. Schade, ein ganzer Abend geopfert und nicht zum Zuge gekommen! Karl B. konnte nicht, wie gewohnt, sein hervorragendes Verkaufsgespräch (ca. 1 Stunde) an den Mann bringen. Am folgenden Vormittag erhielt er jedoch ein Fax seines Interessenten. Herr Schmidt bedankte sich nochmals für den Abend und fügte eine Bestellung in einer Größenordnung an, die Karl B. noch niemals innerhalb seiner Verkaufslaufbahn in einem 10-minütigen Verkaufsgespräch erreicht hatte, und Karl B. war bereits mehr als 15 Jahre im Verkauf!

Für den Verkauf bedeutet das: Je ehrlicher mein Interesse am Kunden bzw. an dem, was dieser möchte, ist, desto besser werde ich mein Beziehungsmanagement aufbauen, mich wirklich für das interessieren, was mein Kunde will. Der Kunde wird spüren, dass ich mich ehrlich für ihn interessiere und ihm nicht nach drei oder vier Fragen schon ein Produkt oder eine Dienstleistung verkaufen will. Er fühlt sich bei mir gut aufgehoben. Er wird zu einem meiner zufriedenen Dauerkunden. Zeigen Sie ehrliches Interesse an Ihrem Kunden – und ich meine: Ehrliches Interesse. Nur Interesse zeigen, ist nicht schwer. Es ist jedoch oft nicht mehr als eine hohle Floskel, indem man so tut, als ob... Wenn Sie ehrliches Interesse zeigen wollen, dann bedeutet das, sich für den Kunden zu engagieren, ihm aufmerksam und gut zuzuhören und ihm dies auch zu zeigen. Nicht nur mit den Worten „ja..., ach..., gut so...", denn die Botschaft des Wortes macht weniger als 10% aus. Benutzen Sie die ganze Vielfalt des Ausdrucks, die Ihnen zur Verfügung steht. Zeigen Sie Ihrem Kunden in Gestik, Mimik, Ton und Wort, in interessierter Körperhaltung, dass das, was er Ihnen sagt, Sie auch wirklich interessiert. Wenn es überhaupt noch verborgene Ge-

Mögen Sie es nicht auch, wenn ein Mensch sich aufrichtig für Sie interessiert?

heimnisse des Verkaufens gibt, dann ist dieses sicherlich eines davon. Überlegen Sie einmal selbst, wann Sie von einem Gegenüber ehrliches Interesse gespürt haben und wie angenehm das war.

Übung:

Notieren Sie, was Sie an Ihren einzelnen Kunden interessiert, in Ihr persönliches Strategieheft. Dann sprechen Sie sie an und interessieren sich ehrlich für sie. Sie dürfen gespannt sein, was passiert.

Über den Mut, Ihre eigene Individualität zu entwickeln

5. Gebot: Haben Sie den Mut, Ihre eigene Individualität zu entwickeln.

Immer wieder gibt es Menschen, die gerne so sein wollen wie andere. Ich hatte einen Teilnehmer, der arbeitete gemeinsam mit einem Top-Verkäufer zusammen, den er als sein Vorbild betrachtete. Da er auch ein Top-Verkäufer werden wollte wie sein Vorbild, versuchte er, genauso zu sein wie dieser. Dies gelang ihm aber nicht, er war wenig überzeugend. In der Mitte des Verkaufstrainings kam er zu mir – und von seiner eigenen Erkenntnis völlig überrascht – sagte er: „Mein Kollege hat Erfolg, weil er auf **seine** Art verkauft. Die Art, die ihm liegt. Seine einzigartige Art. Was ich von ihm lernen muss, ist nicht, ihn nachzuahmen, sondern den Mut aufzubringen, meine Arbeit und mein Verkaufsgespräch auf **meine** Art zu führen." Diese Erkenntnis machte ihm Mut, und er probierte „er selbst zu sein", was auch funktionierte. Dies wiederum steigerte sein Selbstvertrauen, und so wurde er ganz er selbst: Ein Top-Verkäufer!

Bleiben Sie sich selbst treu!

Diesem Teilnehmer war es gelungen, seinen eigenen Weg zu finden, seine Handlungen vor sich selbst vertreten zu können. Da er seinen eigenen Stil gefunden hatte, befand er sich mit sich selbst im reinen. Er brachte sich somit in einen guten Zustand und konnte sich nach außen hin dementsprechend professionell und so, wie er es sich wünschte, verhalten. Es ist sicher so, dass jeder Mensch einzigartig ist und er diese, seine eigene Art, entdecken, auf- und ausbauen muss. Dennoch hat das Gesetz des Modellierens, also des Übernehmens, des „Abkupferns", nach wie vor seine Gültigkeit. Natürlich können Sie sich alles im Leben selbst erarbeiten und selbst vermitteln. Sie können, solange Sie möchten, etwas falsch machen, bis es Ihnen endlich gelingt, es zu beherrschen. Sie können sich täglich der Herausforderung von Versuch und Irrtum stellen. Doch ich glaube, das Leben ist hierfür zu kurz. Versuchen Sie nicht, ein „anderer" zu sein, aber übernehmen Sie Eigenschaften, Vorgehensweisen und Verhalten von anderen, die Ihnen persönlich zusagen, die Sie mit sich und Ihrer Art vereinbaren können. Machen Sie Ihren Weg zur Schnellstraße, beschleunigen Sie Ihre Lern- und Verhaltensweisen, indem Sie von den Erfolgen und Misserfolgen anderer lernen. Übernehmen Sie geeignete Strategien, die andere bereits erfolgreich durchgeführt haben oder durchführen. Wenn Ihnen an einem anderen Menschen etwas besonders gut gefällt, so dass Sie es auch gerne hätten, scheuen Sie sich nicht, denjenigen danach zu fragen.

Übernehmen Sie Erfolgs-strategien von anderen

— Fragen Sie ihn, was für ihn wichtig ist,
— fragen Sie ihn, was er tut, damit er zufrieden ist,
— fragen Sie ihn, wie er es erreicht hat,
— fragen Sie ihn nach seinen Glaubens-/Überzeugungssätzen,
— fragen Sie ihn, was ihn motiviert,
— fragen Sie ihn, welche Werte er lebt.
— Erfragen Sie möglichst alle Punkte, die Sie am Ende des ersten Buchteiles bei Ihrer Identitäts-Übung beantwortet haben.
— Vergleichen Sie seine Antworten mit den Ihren.
— Versuchen Sie, möglichst viele dieser Punkte auf Ihre eigene, individuelle Art zu übernehmen.

Verwenden Sie die Erfahrungen und Einstellungen Ihres Vorbildes, um Ihre einzigartige Individualität zu entwickeln.

Übung:

Notieren Sie in Ihrem persönlichen Strategieheft alle Personen, die Ihnen spontan einfallen und die Sie als Verkäufer/in schätzen. Dann überlegen Sie, welche Eigenschaften und Verhaltensweisen Sie „wirklich" gerne von diesen Personen übernehmen möchten.

Überlegen Sie sorgfältig, ob Sie dabei noch Ihre eigene Identität behalten und diese zusätzlich verbessern können. Wenn ja, notieren Sie alles, was Sie übernehmen möchten genau und vereinbaren Sie mit der interessantesten Person einen Termin. Fragen Sie geradeheraus, wie er/sie es geschafft hat, diese Fähigkeiten zu entwickeln. Erfragen Sie alle beschriebenen Punkte.

Sicher wird er/sie Ihnen gerne Auskunft geben. Übernehmen Sie alles für Sie Wichtige in Ihr tägliches Verkaufsleben. Erstellen Sie sich daraus ein Übungsprogramm und üben, üben, üben Sie, bis sich der gewünschte Erfolg einstellt. Danach wählen Sie eine weitere Person aus und verfahren ebenso.

Warum wir nur einen Mund, aber zwei Ohren haben

6. Gebot: Fragen Sie gut, aber hören Sie noch besser zu.

Geben Sie Ihrem Gegenüber die Chance, etwas von sich zu erzählen. Er wird es gerne tun!

Folgende Episode trug sich auf einer Weihnachtsfeier zu. Mitarbeiter und Geschäftsleitung verbrachten einen schönen, gemütlichen Abend miteinander. Der Seminarteilnehmer, der mir diese Geschichte erzählte, war an diesem Abend ebenfalls anwesend. Er war neugierig darauf, in netter Runde einmal das mit dem „gleich Schwingen" auszuprobieren, die Welt des anderen zu betreten, indem er mit ihm gleiche Schwingungen herstellt. Er meinte, dass dies einfacher ist, wenn der Partner etwas erzählt, so könne er sich beim Zuhören mehr auf das Einschwingen konzentrieren. Er wollte dies nicht mit einem Kollegen probieren, weil es da ja meistens funktioniert. Er hatte sich ein hohes Ziel gesteckt und wollte es mit einem Geschäftsführer versuchen. Dieser Herr kam auch nach einiger Zeit an den Tisch des Seminarteilnehmers, um sich mit den Mitarbeitern zu unterhalten. Ganz intuitiv tat der Teilnehmer das Richtige, indem er drei magische Fragen aus seinem „Zauberhut" zog. Er fragte seinen Gesprächspartner, 1. was seine Herausforderungen für das nächste Jahr seien, danach fragte er, 2. was ihm an seiner Arbeit am meisten Spaß und Freude bereitet und 3. fragte er ihn auch noch, warum es wichtig sei, diese Herausforderungen zu meistern. Ebenso fragte er danach, was die Geschäftsleitung von ihren Mitarbeitern erwarte, um ihn bei dieser Aufgabe zu unterstützen. Aufgrund dieser Fragen verließ die Runde nun sofort die Ebene des Small Talk, der Vorstand erzählte und erzählte, und unser Teilnehmer konnte ihm mit Ruhe zuhören und sich so ganz allmählich körperlich auf ihn einschwingen. Der Mitarbeiter sprach wenig, gab nur ab und zu eine Bestätigung und hörte den Äußerungen des Geschäftsführers aktiv zu. Es war ein angenehmes, hochinteressantes Gespräch und als der Vorstand nach ca. einer Stunde (!) zum Nachbartisch wechselte, sagte er abschließend: „Ich freue mich, in Ihnen einen besonders aktiven Mitarbeiter zu haben und ich bedanke mich für dieses interessante Gespräch." Unser Teilnehmer war völlig überrascht, denn nach seiner Meinung hatte er überhaupt kein Gespräch geführt. Sein Redeanteil hatte insgesamt nicht mehr als fünf Minuten betragen und dennoch hatte es sein Vorgesetzter als hervorragendes Gespräch betrachtet.

Dieses interessante Beispiel zeigt, wie nützlich es sein kann, manchmal etwas ruhiger zu sein und nur zuzuhören. Die richtigen Fragen zu stellen und gut zuzuhören, ist ein wichtiger Bestandteil der hohen Kunst des Verkaufens.

„Der liebe Gott hat uns zwei Ohren, aber nur einen Mund gegeben, um doppelt soviel zu hören als zu reden." Das bedeutet für uns im Verkauf: Fragen Sie Ihren Kunden, was er will und – lauschen Sie aktiv und interessiert den Antworten, hören Sie zu, oder besser: Hören Sie hin, oder noch besser: Hören Sie hinein! Versuchen Sie, sich in die Antwort des Kunden hineinzuversetzen, vollziehen Sie nach, was er will. Seine Motive sind oft nicht eindeutig aus den Worten zu erkennen, sondern aus den Gedanken, die dahinter stecken. Lesen (hören) Sie quasi das, was zwischen den Zeilen steht. Versuchen Sie, es immer wieder mit Ihren Worten zusammenzufassen und zu wiederholen. Ob Sie ihn richtig verstanden haben, werden Sie am Verhalten Ihres Kunden schnell feststellen. Wenn er erkennt, dass Sie ihn wirklich verstehen, wird dies die Beziehungsebene enorm verstärken, denn er fühlt sich verstanden. Menschen wollen verstanden werden. Dann fühlen sie sich wohl.

Lesen (hören) Sie zwischen den Zeilen!

Zuviel reden schadet dem Verkauf

Warum fällt es vielen Verkäufern so schwer zuzuhören? Sie wissen so viel über Ihr Produkt oder ihre Dienstleistung. Darin sind sie fit, sie bewegen sich auf sicherem Terrain und möchten alles, was sie haben, ihrem Kunden mitteilen. Somit erzählen sie mehr als sie fragen. Bei einem Verkaufsgespräch sollten auf den Kunden 60 – 70 % Redeanteil und auf den Verkäufer nur 30 – 40 % entfallen. Doch wenn ich mir die Praxis anschaue, ist es meistens umgekehrt. Oft erlebe ich, dass der Verkäufer 60, 70 %, sogar bis zu 80 % Redeanteil in einem Verkaufsgespräch hat. Das heißt, der Verkäufer fragt nicht viel, denn er versucht mit seinem Detailwissen seinen Kunden so zu beeindrucken, dass dieser sein Produkt kauft. Der Kunde jedoch will sich verstanden wissen, will seine Wünsche erfüllt sehen und möchte das Gefühl haben, nur das zu kaufen, was er sich wirklich vorstellt. Um dies zu erreichen, wäre es angebracht, ihn von seinen Wünschen und Vorstellungen berichten zu lassen, so dass wir ihm dann nur noch unser Produkt oder die Dienstleistung auf den Gaben-Tisch legen müssen. Dieses Gebot ist nicht nur im Verkauf, sondern im ganzen Leben eines der wichtigsten.

Fragen unterscheidet man nicht nur in offene und geschlossene Fragen, man unterscheidet sie auch danach, was man in Erfahrung bringen kann. Das bedeutet, Ihre Fragestellung ist abhängig von Ihrem Ziel. Frageprofis arbeiten auf drei Ebenen, sie ergeben eine der wichtigsten und wirkungsvollsten Fragekombinationen, die mir bekannt sind. Lesen Sie für jede Ebene die entsprechende Frage.

1. „Was erwarten Sie von ...?"
   Dies ist eine **Zielfrage**. Eine Frage, bei der Sie erfahren, welche Vorstellung der Kunde hat.
2. „Was bedeutet für Sie ...?"
   ist eine **Verständnisfrage**, die Ihnen das konkrete Bild liefern soll, welches der Kunde vor Augen hat.
3. „Was ist an ... für Sie wichtig?"
   ist eine **Wertefrage**. Sie führt Sie zum Motiv Ihres Kunden, dem Grund, der ihn zum Kauf bewegt.

Wenn Sie Ihrem Kunden diese drei einfachen Fragen stellen, erhalten Sie sein Kaufmotiv. Erst, wenn Sie das Motiv Ihres Kunden kennen, sollten Sie ihm das geeignetste, für ihn maßgeschneiderte Produkt empfehlen.

Ich möchte hierzu ein Beispiel aus der Immobilienbranche anfügen. Ein Kunde möchte ein Mehrfamilienhaus als Renditeobjekt anlegen. Fragen Sie mit diesen drei Fragen:

1. Herr Kunde, was erwarten Sie von einem Renditeobjekt?
    Mögliche Antwort: „Eine sichere, nachhaltige Kapitalanlage."
2. Was bedeutet das für Sie?
    Mögliche Antwort: „Sicher und nachhaltig bedeutet, beste Lage mit hohen Mieten." – oder vielleicht auch: „Ein Sanierungsobjekt in Randlage."
    oder, oder, oder.

> **Merken Sie sich nur drei Schlüsselfragen und wenden Sie diese an!**

Sie sehen, bereits hier können die verschiedenen Antworten die Verkaufsstrategie beeinflussen. Nun weiter mit Frage drei:

3. Was ist Ihnen noch wichtig an dieser Kapitalanlage? Worauf legen Sie Wert?
    Mögliche Antwort:
    a. „Dass ich den Ertrag als zusätzliche Rente habe."
        – oder
    b. „Dass ich meinem Enkel in 8 Jahren Studienhilfe geben kann."
        – oder
    c. „Dass ich als Pensionär oft in Urlaub fahren kann, und dafür freies Geld zur Verfügung habe." – oder
    d. „Dass ich evtl. später in die Wohnung einziehen kann."

Wie Sie an diesen Beispielen sehen, gibt es die unterschiedlichsten Motive, die für Ihren Kunden von Bedeutung sind. Nur mit dem Wissen über das Motiv sind Sie exakt in der Lage, die richtige Argumentationsstrategie zu entwickeln. Es besteht ein großer Unterschied in der Anlageform, ob Ihr Kunde wie bei:

a. kontinuierliches Geld oder wie bei

b. Geld zu einem bestimmten Termin benötigt oder wie bei

c. jährlich über unregelmäßige Beträge verfügen möchte oder ihm, wie bei

d. der Geldfluss nicht so wichtig ist wie ein kündbarer Mietvertrag, damit der Kunde selbst in die Wohnung einziehen kann.

Fragen Sie sich in den Kunden hinein!

Diese überaus wirksamen Fragekombinationen erfordern etwas Übung und Mut, um sich ins Innere Ihres Kunden hineinzufragen. Aber es lohnt sich, und Ihr Kunde wird es Ihnen danken.

Übung:

Versuchen Sie es doch einmal auf einem anderen Gebiet. Nehmen Sie Ihr persönliches Strategieheft und stellen Sie sich vor, Sie wollten ein Auto kaufen. Der Autoverkäufer fragt Sie nunmehr diese 3 Fragen. Notieren Sie die Antworten, die Sie ihm geben würden und stellen Sie selbst fest, was Ihre Motive für den Autokauf sind und wie einfach es damit für den Autoverkäufer wird, Ihnen das passende und richtige Auto zu präsentieren.

Bitte wenden Sie diese Fragen der Reihenfolge nach in einem Verkaufsgespräch an. Erstellen Sie hierfür ein Beratungsblatt, auf welchem Sie sowohl die Fragen als auch die Kundenantworten festhalten. Wenn Sie diese Fragen einbetten in andere, z. B. „Wie hoch soll der Kaufpreis sein" usw., dann wird es dem Kunden gar nicht auffallen, dass es sich hier um eine gezielte Frageform handelt. Zum Schluss möchte ich Ihnen noch eine Reihe von wirkungsvollen, offenen Fragen aufzeigen. Nutzen Sie diese, um Ihr Fragen-Repertoire zu erweitern.

Was-Fragen
— Was bevorzugen Sie?
— Was sind Ihre *Wünsche*?
— Was ist für Sie wichtig?
— Was erwarten Sie von *unserer Firma*?

Wie-Fragen
— Wie wichtig ist *Sicherheit* für Sie?
— Wie sieht zzt. Ihre *Kundenbetreuung* aus?
— Wie haben Sie *bisher gearbeitet*?
— Wie soll das *in Zukunft aussehen*?

Lange W-Fragen
— Womit vergleichen Sie?
— Warum ist das für Sie so wichtig?
— Wofür *interessieren* Sie sich?
— Woher haben Sie diese *Empfehlung*?

(*Kursiv* gedruckte Worte sind austauschbar)

Zum Schluss des 6. Gebotes noch eine kleine Geschichte, die von einem jungen Novizen handelt. Zu Beginn seines Klosterlebens stellte er sich seinem Abt vor, welcher ihn mit den Regeln des Klosters bekannt machte. Nachdem der Novize alles Wissenswerte gehört hatte, war er stark an einer Frage interessiert, denn er war Raucher. So stellte er dem Abt die Frage: „Darf ich denn beim Beten rauchen?" Dieses Anliegen lehnte der Abt strikt ab. Nun bezog der Novize seine Kammer, richtete sich ein und am nächsten Morgen ging er in die Kapelle und kniete zum Beten nieder. Als er sich so umschaute, sah er an seiner rechten Seite einen Mönch, der beim Beten rauchte. Dies erregte ihn sichtlich. Empört sprang er auf, lief hin und her und murmelte in seinen Bart. Der Mönch, der das bemerkte, fragte ihn ganz ruhig, was ihn denn so nervös mache. Der Novize erzählte ihm, dass er mit dem Abt über das Thema Rauchen gesprochen hätte und dieser es ihm verboten habe. Doch anscheinend würde auch hier im Kloster mit zweierlei Maß gemessen. Die Älteren dürften rauchen, er aber nicht. Das stimme ihn zornig. Der Mönch blieb ruhig und fragte weiter: „Was genau hast Du den Abt denn gefragt?" Der Novize antwortete wahrheitsgemäß: „Ich habe gefragt, ob ich beim Beten rauchen dürfe." Darauf hat der Abt es verneint. Der Mönch lächelte ihn an und sagte: „Siehst Du, mein Sohn, ich habe den Abt auch gefragt, aber ich fragte ihn, ob ich beim Rauchen auch beten dürfe und da hat mir der Abt geantwortet: ‚Natürlich darfst Du das, mein

Sohn.'"

Sie sehen also: Fragen sind nicht gleich Fragen. Ein Beziehungsmanager stellt seinem Kunden die richtigen Fragen und erhält somit alle notwendigen und wichtigen Informationen, um treue und
zufriedene Kunden zu gewinnen.

Die Stärkung des Selbstwertgefühls Ihres Kunden kann Wunder bewirken

7. Gebot: Geben Sie aufrichtig Lob und Anerkennung.

Lassen Sie mich die Thematik des 7. Gebotes wieder mit einem
Beispiel einleiten, das mir ein Seminarteilnehmer erzählte: Es ging
um ein Verkaufsgespräch mit dem Besitzer eines Getränkemarktes.
Der Kundenberater eröffnete das Gespräch nicht, wie gewöhnlich,
mit: „Guten Tag, schön, dass Sie diesen Termin einhalten konn-
ten", sondern er wählte die Variante von Lob und Anerkennung. Er
schrieb den Verlauf seines Gespräches folgendermaßen nieder:

„Guten Tag, Herr Freiberg (Name geändert). Letzte Woche kaufte ich in Ihrem Getränkemarkt ein und stellte fest, wie schön und
modern Ihr Geschäft eingerichtet ist." Herr Freiberg freute sich und
erzählte mir von seinem Markt. Ich fragte ihn: „Wohnen Sie denn
in der Stadt oder haben Sie einen langen Anfahrtsweg?" „Nein,"
sagte er, „meine Wohnung liegt direkt über dem Markt. So bin ich
immer zu erreichen." Nun fragte ich ihn: „Wie haben Sie denn angefangen, Herr Freiberg?" Und er erzählte: „Ich war viele Jahre
lang Kellermeister in einer Brauerei. Dann habe ich eine Gaststätte
übernommen und mit dem Getränkeverkauf angefangen. Den jet-
zigen Markt baute ich 1988 und im Frühjahr kommenden Jahres
werde ich noch 600 m² dazukaufen. Ich möchte den Verkaufsraum
so erweitern, dass die Kunden beim Einkauf im Auto sitzen bleiben
können." Ich sagte ihm, dass es eine tolle Leistung sei, innerhalb
so kurzer Zeit derart erfolgreich zu sein. Er freute sich sichtlich.
Ich fragte ihn noch nach seinen Kindern, und er erzählte mir, dass
seine Tochter in der Urlaubszeit seinen Markt führen würde. Als

ich mich nach seinem Hobby erkundigte, erklärte er mir, dass sein Hobby der Getränkemarkt sei. Ich freute mich mit ihm und lobte sein Engagement in seinem Beruf. Ich gab ihm die Anerkennung, die er verdient hatte."

Nun fragte ich den Teilnehmer, warum diese Geschichte für ihn so wichtig sei und er sagte mir, dass er vor einem Jahr schon einmal eine Verhandlung mit diesem Getränkemarktbesitzer geführt hatte, damals aber seine Preisvorstellung nicht durchsetzen konnte. Bei dem aktuellen Gespräch hatte er jedoch eine angenehme Beziehung aufgebaut und gegenseitige Anerkennung erzeugt. Der Verkäufer fühlte sich wohl bei dem Gespräch und hatte keine Scheu, diesmal seinen Preis zu präsentieren. Herr Freiberg hat das Angebot ohne Diskussion akzeptiert. Weiterhin erfuhr ich, dass das ganze Gespräch höchstens 30 Minuten gedauert hatte. In dieser Zeit sprach der Kunde etwa 20 Minuten von sich und dem, was er bereits erreicht hatte. Der Verkauf fand in den restlichen 10 Minuten statt.

Dieser Verkäufer war ein professioneller Hersteller von guten Zuständen. Er hatte verstanden, was es bedeutet, einen Kunden durch aufrichtiges Lob und Anerkennung in einen positiven Zustand zu versetzen, dem zwangsläufig ein positives Verhalten folgt.

Lob und Anerkennung wirken wie Zauberworte

Prüfen Sie für sich selbst, wie oft Sie täglich von anderen Lob und Anerkennung erhalten. Geschieht dies häufig? Oder gibt es öfter Druck und Vorwürfe? Selbst, wenn Menschen das, was wir tun, gut finden und anerkennen, sprechen sie es oft nicht aus, es erscheint selbstverständlich. Ihren Kunden geht es wie allen anderen Menschen, also geben Sie ihnen doch einmal Lob und Anerkennung. Womöglich erscheint es Ihnen gar nicht so leicht, dies zu tun, aber es ist auch nicht schwer. Überlegen Sie, was es Lobenswertes an Ihrem Kunden gibt. Wichtig ist, dass es ehrlich von Ihnen gemeint ist. Sprechen Sie es aus und freuen Sie sich mit ihm darüber. Versuchen auch Sie einmal, Ihren Kunden in solch einen guten Zustand zu versetzen.

Übung:

Nehmen Sie bitte wieder Ihr persönliches Strategieheft zur Hand und notieren Sie sich die Kunden, mit denen Sie für die nächste Zeit Termine vereinbart haben. Als zweite Möglichkeit können Sie sich auch die Namen der Kunden aufschreiben, die schwierig zu behandeln sind, aber zu denen dennoch regelmäßiger Kontakt besteht, oder Kunden, zu denen Sie noch keinen Draht haben. Nun überdenken Sie deren positive Eigenschaften und wie Sie aus diesen Lob und Anerkennung erwachsen lassen können. Notieren Sie sich für jeden dieser Kunden mindestens 3 – 4 Stichworte und denken Sie daran, dass Sie das, was Sie Ihrem Kunden sagen wollen, auch wirklich ehrlich meinen. Es müssen nicht immer große Komplimente sein, es genügen oft kleine Worte und kleine Anerkennungen. Ganz gleich, ob es eine neue Brille oder eine schicke Frisur ist, ein gepflegtes Äußeres oder ein netter Empfang – betonen Sie etwas, das Sie an diesem Menschen schätzen. Ganz gleich, ob es bei ihm zu Hause oder in seinem Büro ist, ob es um das Auto geht, das er fährt, oder eine Eigenschaft, die Sie besonders an ihm mögen. Überlegen Sie und notieren Sie es, das Wichtigste jedoch: Sagen Sie es Ihrem Kunden auch!

Nicht das Erkennen ist wichtig, sondern das Aussprechen

Menschen geben ihren Partnern und Mitmenschen Geld, ein Zuhause, Statussymbole, zu essen und zu trinken. Dennoch verhungern und verdursten viele. Sie haben alles, materiell. Wo bleiben jedoch Lob und Anerkennung, Verständnis und Zuneigung, Nahrung für die Seele? Einem Menschen dieses vorzuenthalten, ist für ihn oft schlimmer als zu hungern oder dürsten. Dennoch, eine große Zahl von Menschen hungert und dürstet nach Anerkennung, auch wenn sie das nach außen nicht gerne zugeben. Eine Mangelerscheinung in unserer schnelllebigen, materiellen und unpersönlichen Zeit. Lesen Sie an dieser Stelle noch den wortwörtlichen Erfolgsbericht eines Trainingsteilnehmers:

„Es war am 31. März 1993, als ich aufgrund einer Bewerbung zu einem Vorstellungsgespräch eingeladen war. Es handelte sich um ein mittelständisches Unternehmen, bei dem eine Stelle zu beset-

zen war. Die erste Reihe von Routinefragen wurde von einer Se-
kretärin der Geschäftsleitung gestellt. Dann trat der Geschäftsführer und Firmengründer persönlich in Erscheinung und versuchte,
durch geschickte Fragestellung die psychologischen Hintergründe
meiner Berufswahl, meiner Lebensauffassung, meiner persönlichen Ziele und meiner Leistungsbereitschaft zu erfahren. Dies
wollte er nachfolgend durch meine Definition der Worte „Macht,
Luxus, Freiheit, Lebenswandel" indirekt herausbekommen. Schon
im Vorfeld wurde mir klar, worauf dies hinausführte, und ich erinnerte mich daran, Lob und Anerkennung zu geben und mein
Gegenüber wichtig zu nehmen. Um entsprechend abzublocken,
konterte ich mit einer Gegenfrage. In einem günstigen Moment
schwenkte ich um, erwähnte die Erfolge und den Bekanntheits-
grad des Unternehmens und fragte den Firmengründer: „Wie haben Sie das eigentlich geschafft?" Das Blatt wendete sich schlagartig. Der Inhaber holte tief Luft, und ein Redeschwall ergoss sich
über mich. Der knallharte Geschäftsmann, der in der Regel selten
Lob erhält, fand sich in seiner Geschichte bestätigt. Es interessierte sich jemand für seinen Leidens- und Erfolgsweg während
des Unternehmensaufbaus. Dieser Gedanke beflügelte ihn derart,
dass er vom Lebensmittelverzicht während der Gründungsphase
bis hin zu seiner 10. Firmengründung alles erzählte. Schnell war
die vorgesehene Zeit vorüber und der nächste Bewerber stand vor
der Tür. Für meine weiteren Fragen war kaum noch Zeit geblie-
ben. Da ich ein geduldiger Zuhörer war, hatte der Firmengründer
recht wenig über mich erfahren. Doch die geplante Zeit war um.
Ein zweiter Termin wurde vereinbart, bei dem ein bereits ausgefüll-
ter Vertrag vor mir lag und nur noch wenige Fragen geklärt werden
mussten." Sie sehen, auch hier hat es sich gelohnt, mit Lob und
Anerkennung großzügig zu sein.

Ganz gleich, ob Sie im Servicebereich, in der Kundenberatung
oder im Verkauf tätig sind – beachten Sie ganz besonders dieses
Gebot. Es ist eines der stärksten Gebote des Beziehungsmanagements: Geben Sie ehrlich Lob und Anerkennung, und Ihr Kunde
wird es Ihnen danken.

Wie wichtig der Standpunkt Ihres Kunden ist

8. Gebot: Achten Sie auf den Standpunkt des anderen.

Verlierer können Gewinner sein

Bei einem Gespräch über Kundenbindung erzählte mir ein Verkäufer, dass er noch nie größere Aufträge „verloren" hätte. Bei kleineren Aufträgen gab es einige Fälle, bei denen eine geringe Kundenbindung auch zu weniger Preiselastizität führte. „Wenn ich dann mal einen Auftrag ‚verloren' hatte", sagte der Verkäufer, „habe ich mich trotzdem bedankt und darum gebeten, bei der nächsten Möglichkeit wieder ein Angebot abgeben zu dürfen. Ich war in solchen Fällen nie beleidigt. Ich sehe auch in solchen Fällen eine Möglichkeit, mich gegenüber anderen abzugrenzen – nämlich darin: kein schlechter Verlierer zu sein."

Akzeptieren Sie den Standpunkt Ihres Kunden

Nicht immer sind wir mit unserem Kunden gleicher Meinung. Oftmals gibt es unterschiedliche Interessen. Das muss kein Nachteil sein, solange es in der Sache begründet liegt. Wichtig ist, dass wir den Standpunkt des Kunden achten, auch wenn wir ihn nicht teilen. Wie bereits ausführlich beschrieben, haben wir nicht alle dieselbe Auffassung. Wir leben zwar alle in derselben Welt, aber jeder sieht und empfindet die Welt mit seinen eigenen Augen, hat seine eigenen Vorstellungen, Erfahrungen und daraus resultieren seine eigenen Glaubens- und Überzeugungssätze sowie seine persönlichen Werte. Sie müssen nicht alle Sichtweisen akzeptieren, aber vielleicht können Sie vieles davon tolerieren. Zeigen Sie ehrliches Interesse und lassen Sie sich den Standpunkt Ihres Kunden erklären. So vermeiden Sie den Crash während Ihres Verkaufsgespräches. Versuchen Sie einmal, die Dinge von der Warte des Kunden aus zu sehen. Henry Ford behauptet sogar, dass diese Fähigkeit das Erfolgsgeheimnis schlechthin sei. D. h., versuchen Sie, sich einmal auf den Stuhl des anderen zu setzen. Der Erfolg im Umgang mit Menschen beruht auf dem Verständnis für den Standpunkt des anderen. Auch Sie wünschen sich doch, dass Ihr Standpunkt akzeptiert wird, also lassen Sie Ihren Kunden spüren, dass Sie seinen Standpunkt ernst und wichtig nehmen. Dann gilt es, daraus mit ihm gemeinsame Lösungen zu erarbeiten. Wenn

Sie kein Verständnis für den eventuell unbequemen Standpunkt Ihres Kunden aufbringen, kann es geschehen, dass Sie sich über den weiteren Verlauf Ihres Verkaufsgespräches keine Gedanken mehr machen müssen, denn es wird möglicherweise hier schon zu Ende sein. Und das gilt es zu vermeiden.

Übung:

Notieren Sie sich die Kunden, mit deren Standpunkt Sie nicht ganz übereinstimmen. Beim nächsten Besuch fragen Sie sie mit ehrlichem Interesse, wie sie zu ihren Standpunkten gelangt sind.

Bieten Sie Ihrem Kunden Nutzen

9. Gebot: Wer behauptet, verliert – wer Nutzen bietet, gewinnt

Es ist die Aufgabe des Verkäufers, sich in die „Seele" des Kunden hineinzudenken – oder, wie man auch sagt, „im Kopf des Kunden" zu denken. Wichtig ist, dass Sie sich die Mühe machen, dem Kunden zu verdeutlichen, welchen Nutzen Sie ihm bieten können.

Nachdem wir bei der Trainerausbildung das Thema Nutzen behandelt hatten, kam ein Trainer mit folgender Umsetzungsgeschichte. Er hatte einen kleinen Sohn, und wie bei vielen Kindern üblich, stand der Kleine mit dem Aufräumen seines Zimmers auf Kriegsfuß. Aber der Sohn hatte es gerne, wenn sein Papa ihm abends eine Gutenachtgeschichte vorlas. Immer wieder, wenn der Vater in das Zimmer kam, schimpfte er, weil überall Spielzeug herumlag, das der Filius nicht aufgeräumt hatte. Jedes Auffordern, Drohen oder Bestrafen hatte immer nur begrenzte Wirkung. Der alte Zustand stellte sich bald wieder ein. Da unser Trainer nun wusste, wie man Zustände erzeugt, Situationen umdeutet und nutzenorientiert argumentiert, drohte er seinem Sohn nicht mehr damit, keine Gutenacht-Geschichte mehr vorzulesen, sondern er sagte ihm: „Ich lese Dir gerne eine Geschichte vor, aber ich komme nicht mehr zu Dir in dein Zimmer, weil ich Angst habe, dass ich beim Hereinkommen auf deine Spielsachen trete und sie kaputtmache."

Er berichtete uns, dass sich das Verhalten seines Sohnes schlagartig änderte. Natürlich wollte er die Gutenachtgeschichte hören, und außerdem wollte er vermeiden, dass sein Spielzeug zerstört würde. Ergo, aus Eigennutz und Sicherheitsdenken räumte er sein Zimmer auf, damit der Vater, wie versprochen, abends wieder vorlesen konnte. Wie Sie sehen, war die Argumentation auf den Zustand des Sohnes abgestimmt. Früher wollte der Vater, dass der Junge sich anders verhält, dass er aufräumt und alles an seinen Platz legt. Dieser Wunsch bezog sich jedoch ausschließlich auf die Vorstellungswelt des Vaters. Erst, als der Sohn einen Nutzen für sich erkannte, war er bereit, sich anders zu verhalten.

Eine andere Situation: Es war im Oktober, als ich mit dem ICE zu einem Training nach Augsburg fuhr. Am Nachbartisch saßen drei Herren, die sich über ihre Organisation unterhielten. Ich hörte den Satz, den sie mehrfach als Fazit oder als Lösung propagierten: „Wir verhängen zehn Wochen Gleitzeitverbot!" Ich überlegte mir den Sinn dieser Maßnahme und konnte verstehen, dass sie in gewissem Zusammenhang Erfolg bringen würde. Die Frage, die ich mir stellte, war jedoch eine andere: „Wenn ich meinen Mitarbeitern zehn Wochen Gleitzeitverbot erteile, nehme ich ihnen eine gewisse Freiheit, was sogar als Bestrafung empfunden werden kann." Ich will hier nicht die Maßnahme verdammen, die Frage ist nur, wie man sie formuliert. Wo ist das Ziel bzw. der Nutzen dieser Maßnahme? Ich glaube, dass folgende Formulierung besser gewesen wäre: „In Anbetracht der aktuellen Situation werden wir zehn Wochen mit festen Zeiten arbeiten, weil... (hier folgt die Erklärung, der Grund), denn wir sind sicher, dass wir nach zehn Wochen kontinuierlicher Arbeit die Situation erfolgreich gemeistert haben werden." Man könnte die Aufforderung des Gleitzeitverbotes in dieser oder ähnlicher Form präsentieren. Selbst in schwierigen Situationen ist es wichtig, Nutzen aufzuzeigen. Das Gleiche gilt für den Verkauf. Der Kunde kauft nur, wenn er einsieht, was er davon hat und was er damit anfangen kann.

Der Kunde sucht seinen Vorteil, sprechen Sie darüber

„Es ist ein Beweis hoher Bildung, die größten Dinge auf die einfachste Art zu sagen."   *Ralph Waldo Emerson*

Nutzen bieten, bedeutet: Sich auf den Stuhl des anderen setzen, **Der Sender**
was wiederum beinhaltet, auch in der Sprache des Kunden zu **ist verant-**
sprechen bzw. so zu sprechen, dass der Kunde es versteht. In **wortlich**
einem Test der „Stiftung Warentest" 1/92 wurde Folgendes veröf- **für die**
fentlicht: „In 85 % aller Gespräche wurde keinerlei Rücksicht auf **Botschaft,**
den Kenntnisstand des Kunden genommen. Das Sperrfeuer der **nicht der**
Fachausdrücke konnte vom Kunden oft nur durch bewusst lockere **Empfänger**
Sprüche unterbrochen werden."

Solche Testergebnisse sind für mich immer wieder erstaunlich.
Nutzen bieten heißt, sich in den Kunden hineinzudenken und ist **Nachdem**
ganz einfach zu erreichen, wenn man vorher die richtigen Fragen **Sie den**
gestellt hat. Wie in den vorigen Kapiteln beschrieben, ist es an- **„Film" des**
fangs wichtig, den Film des Kunden aufzurufen, seine Wünsche **Kunden**
zu wecken, damit er ausspricht, worauf er Wert legt. Nachdem **kennen, bie-**
Sie dies erreicht haben, müssen Sie Ihrem Kunden nur noch klar **ten Sie ihm**
machen, dass Sie ihm das geben können, was er Ihnen vorher **diesen Film**
auf Ihre Fragen geantwortet hat. Dies sollten Sie möglichst in den **zum Kauf an**
Worten des Kunden formulieren, damit er sich wiederfindet, damit
er seinen eigenen Film, seine eigenen Bilder auch im Bereich des
Nutzens aufbauen kann.

Wenn Sie also durch Fragen erreicht haben, dass Ihr Kunde Ihnen sagt, was er sich wünscht, d. h. dass er sich selbst einen **Sie sollten**
„Wunschbaum" wachsen lässt, sollten Sie ihm dabei helfen, dass **nicht**
dieser gedeiht und wächst, so dass die Kundenwünsche (Bedürf- **verkaufen,**
nisse) wie reife Früchte herunterfallen. Sie müssen diese nur noch **sondern**
mit dem notwendigen Nutzen auffangen – und Ihr Kunde wird bei **den Kun-**
Ihnen kaufen. Da Sie als Beziehungsmanager in diesem Moment **den kaufen**
Ihren Kunden stark in das Beziehungsmanagement einbezogen **lassen**
haben, wird es nicht notwendig sein, dass Sie ihm etwas verkaufen, Ihr Kunde möchte das für ihn Richtige unbedingt haben. – Er
kauft bei Ihnen.

Ein Teilnehmer, der in der Autobranche tätig ist, berichtete mir,
wie er innerhalb von nur 10 Minuten über die Nutzenschiene zum

Verkaufserfolg gelangte. Er war fest entschlossen, Nutzenargumentation und Fragetechnik auszuprobieren. Als sich einer seiner Bekannten nach einem neuen Auto erkundigte, packte er die Sache an. Er fragte den Bekannten, was ihm wichtig sei, was er sich genau vorstelle und wieso das für ihn wichtig sei – er setzte alle vorher beschriebenen Fragen ein und konnte auf diese Art Ziel und Motiv seines Kunden genau erkennen. Die Motive in Stichworten waren: Bequemlichkeit, Sicherheit, ausreichend Platz.

Nun präsentierte der Autoverkäufer maßgeschneiderte Nutzenargumente. Er sagte seinem Kunden: „Durch die neuen Sitze wirst Du nach langen Strecken ganz erholt und topfit zu deinen Terminen kommen" und weiter: „auch im Winter, was Dir ja besonders wichtig ist, wirst Du mit dem Frontantrieb, der ABS- und ASC-Einrichtung sicher ans Ziel gelangen, ohne dass Dir Schnee und Eis viel anhaben können." Außerdem fügte er hinzu: „Alles, was Du an Platz und Beweglichkeit für dein Hobby benötigst, beinhaltet dieses Auto, so dass Du Geschäft und Hobby wunderbar verbinden kannst." Ein weiterer Nutzen war: „Schau Dir das sportliche Aussehen dieses Wagens an. Wie Du feststellen wirst, ist trotzdem auf der Rückbank genügend Platz, damit deine Kinder auf langen Fahrten gemütlich schlafen können, ohne dass sie quengeln und nerven." Daraufhin fragte der Bekannte nur noch nach dem Preis und unterschrieb ohne weitere Diskussion den Vertrag. Was hatte unser Verkäufer getan? Er hatte für alle Antworten, die er auf seine Fragen bekommen hatte, dem Kunden einen speziell zugeordneten Nutzen präsentiert, so dass der Kunde sich das Auto praktisch selbst verkauft hatte.

Auch bei der Angebotspräsentation gilt: „Weniger ist oft mehr."

Verhalten Sie sich in Ihrer Firma doch ebenso. Stellen Sie Ihrem Kunden, wie der Autoverkäufer, die beschriebenen Fragen und präsentieren Sie gezielt auf die Antworten Ihres Kunden den notwendigen Nutzen. Erschlagen Sie Ihren Kunden nicht mit Produktmerkmalen und Details – das ist ihm meistens gar nicht so wichtig. Man sollte alles wissen, muss aber nicht alles sagen. Es reicht, nur das in die Waagschale zu werfen, was wirklich notwendig ist, d. h. was unser Kunde zu diesem Zeitpunkt von Ihnen hören möchte.

Dennoch neigen viele Verkäufer immer noch dazu, in ihren Verkaufsgesprächen nur über Produkte, Produktstärken oder Bestandteile ihres Produktes bzw. ihrer Dienstleistung zu sprechen. Oft versäumen sie dabei, den Nutzen für den Kunden herauszustellen und besonders zu betonen. Möglicherweise haben sie sich darüber noch keine Gedanken gemacht. Aber bedenken Sie bitte: Ihr Kunde wird sich im Stillen immer fragen „Was habe ich davon?" Erhält er darauf keine Antwort, wird sein Interesse an Ihrem Angebot nachlassen. Der Kunde kauft letztlich nur das, was ihm aus seiner Sicht einen Nutzen bietet, wie z. B.:

— Sicherheit
— Bequemlichkeit
— Flexibilität
— Gewinn, usw.

Für den aktiven, kunden- und verkaufsorientierten Mitarbeiter ergibt sich daraus: Weg von der schon zur Gewohnheit gewordenen Aufzählung der guten Eigenschaften der Produkte – hin zur Darstellung des Nutzens für den Kunden!

Beziehungsmanager zu sein heißt, dem Kunden zu helfen, das zu bekommen, was er sich vorstellt. Also aus der Sicht des Kunden aufzuzeigen, was es ihm nützt, wenn er das von Ihnen erarbeitete Angebot annimmt oder auf Ihren Lösungsvorschlag eingeht.

Helfen Sie Ihren Kunden, das zu erhalten, was sie wollen

Im Training benutzen wir oft als Hilfe eine Nutzenmatrix, um die Flexibilität der Kundenberater bei Nutzenargumenten zu steigern. Die hier vorgesehenen kleinen „Brücken", wie z. B. „das bringt Ihnen...", „das schützt vor..." usw. sind einfache Überleitungen von der Dienstleistungs-/Produktstärke zu wirkungsvollem Kundennutzen. Erstellen auch Sie sich Ihre eigene Nutzenmatrix. Probieren Sie selbst aus, wie einfach es geht. Überzeugen Sie Ihren Kunden, indem Sie ihm regelmäßig Nutzen aufzeigen, und Sie werden leichter und mehr verkaufen. **Denken Sie bitte immer daran: Der Kunde kauft nicht das, was Sie ihm empfehlen, sondern das, was er versteht und was ihm nützt.** Erklären Sie ihm die daraus entstehenden Vorteile und er wird bei Ihnen kaufen – nicht Sie

wollen ihm etwas verkaufen.

Auch wenn es manchmal eines zeitlichen Mehraufwandes bedarf, um auf die unterschiedlichen Wünsche der Kunden einzugehen – es lohnt sich!

Übung:

Notieren Sie in Ihrem persönlichen Strategieheft die fünf wichtigsten Produkte/Dienstleistungen, die Sie anbieten.

Schreiben Sie zu jedem dieser Produkte/Dienstleistungen nun jeweils 15 Kundennutzen. Führen Sie diese Übung durch, auch wenn Sie schwerfällt. Vier oder fünf Nutzen fallen uns häufig sofort ein, meist sprechen wir bei unseren Kunden auch nur über diese. Dennoch bin ich sicher, dass Ihre Produkte weit mehr Nutzen bieten können. Überlegen Sie in Ruhe. Nutzen Sie die Chance, für Ihren Kunden weitaus interessantere Angebote erstellen zu können. Denken Sie an „Joe aus Heidelberg". Schärfen Sie wieder einmal Ihre Axt.

Überlegen Sie nun, wie Sie diese – ich nenne es einmal provokativ – „Behauptungen" Ihren Kunden beweisen können. Suchen Sie sich möglichst viele Beweise. Und das Wichtigste: Bringen Sie diese, sofern möglich, auch in Ihre Kundengespräche ein.

Freuen Sie sich über Ihre Kunden

10. Gebot: Mögen Sie Ihre Kunden.

Ein sehr kurzes und einfaches Gebot, zu dem ich Ihnen auch keine Übung anbieten kann. Häufig hört man die Frage: „Kann man verkaufen lernen oder ist man dazu geboren?" Ich denke, es gibt lediglich eine Voraussetzung, die man mitbringen muss und nicht einstudieren kann, alles andere am Verkaufen ist erlernbar.

Wer erfolgreich im Verkauf arbeiten will, muss diese Voraussetzung haben: Er muss Menschen mögen. Menschen sind nicht immer bequem, Sie haben ihre Ecken und Kanten, jeder ist anders. Das sollte Sie jedoch nicht beunruhigen. Mögen Sie einfach Ihre Kunden. Wer das nicht kann, sollte sich überlegen, ob er nicht in einem anderen Bereich bessere Arbeit leistet. Manche Menschen arbeiten gerne mit Zahlen. Bekennen Sie sich dazu und wechseln Sie die Abteilung. Sie werden sich selbst einen großen Gefallen tun und mit Ihrer Arbeit zufriedener sein. Wenn Sie aber im kundenorientierten Verkauf arbeiten, dann sollten Sie auf Menschen zugehen, sie mit all ihren Eigenarten akzeptieren und beraten. Sie müssen ganz einfach Menschen mögen.

Verkäufer müssen Menschen mögen!

Letzten Endes ist es Ihre Entscheidung, inwieweit Sie den aktiven Aufbau eines guten Beziehungsmanagements voranbringen. Doch bedenken Sie folgendes: nicht der Lieferant/Hersteller bezahlt letztendlich Ihr Einkommen, sondern einzig und allein der Kunde. Selbst wenn die monatliche Zahlung auf Ihrem Konto von der Firma kommt, so lebt doch diese Firma von den guten Kundenbeziehungen, für die Sie als kundenorientierter Berater und Verkäufer in besonderer Weise mitverantwortlich sind.

Ihr Gehalt wird vom Kunden bezahlt

Wenden Sie täglich die 10 IN*tem*-Gebote für ein erfolgreiches Beziehungsmanagement an. Konzentrieren Sie sich dabei jeden Tag auf nur eines dieser Gebote und probieren Sie es aus. Wenn Sie beim 10. Gebot angelangt sind, beginnen Sie wieder von vorne, bis Ihnen alle Schritte in Fleisch und Blut übergegangen sind. Gewinnen und behalten Sie so zufriedene Kunden. Im Gegenzug werden Sie dafür ebenfalls Freude, Lob und Anerkennung erfahren.

Die 10 IN*tem*-Gebote des Beziehungsmanagements

1. Suchen Sie Gemeinsamkeiten.
2. Nutzen Sie die Möglichkeiten der nonverbalen Kommunikation.
3. „Schwingen" Sie sich auf Ihren Kunden ein.
4. Achten Sie auf Ihr gepflegtes Äußeres.
5. Achten Sie auf Ihre Gestik, Mimik, auf Ihren Ton und Tonfall.

6. Achten Sie auf die Stimmungslage Ihres Kunden.
7. Merken Sie sich Kundennamen, weil Sie dies wirklich wollen.
8. Hören Sie engagiert und aufmerksam zu.
9. Nehmen Sie eine zuwendende, interessierte Körperhaltung ein.
10. Bemühen Sie sich besonders um Ihre Kunden.

Kurz zusammengefasst:

— Entwickeln Sie Ihren einzigartigen, persönlichen Stil.
— Übernehmen Sie dazu Denk- und Verhaltensweisen anderer, die Ihnen besonders gut gefallen.
— Machen Sie Ihren individuellen Weg zur Schnellstraße.
— Stellen Sie qualifizierte Fragen.
— Überlassen Sie Ihrem Kunden den größtmöglichen Redeanteil, so erfahren Sie mehr über das, was er will.
— Hören Sie nicht nur zu, lernen Sie, Ihren Kunden zu „verstehen".
— Sagen Sie Ihrem Kunden aufrichtig, was Sie an ihm mögen.
— Fragen Sie nach seinem „Erfolgsgeheimnis".
— Denken Sie nicht nur Gutes – sprechen Sie es aus.
— Nehmen Sie den Standpunkt des Kunden ernst.
— Seien Sie bereit, Verständnis zu zeigen.
— Suchen Sie gemeinsam nach Lösungsmöglichkeiten.
— Zeigen Sie Ihrem Kunden seinen Nutzen auf.
— Sprechen Sie kein „fachchinesisch", sondern die Sprache des Kunden.
— Denken Sie im Kopf des Kunden.
— Gehen Sie freudig und aktiv auf Ihre Kunden zu.
— Ein Lächeln ist die kürzeste Verbindung zwischen zwei Menschen. Probieren Sie es aus.
— Der einzige, der nicht stört, ist der Kunde.

Meine wichtigsten Erkenntnisse:

_____

_____

_____

_____

_____

_____

_____

So setze ich das Gelesene konkret in die Praxis um:

_____

_____

_____

_____

_____

_____

Verkaufen heißt nicht nur:
Umsätze machen, sondern:
dem Kunden und dem Gesamtwohl
dienen.

Ein echter rechter Kundendienst
ist aber nur möglich, wenn sich der
Verkäufer in die Seele des Kunden
hineinzudenken vermag.

Wirkliche Verkaufskunst erücksichtigt
gleichermaßen die Interessen des
Geschäftes, des Verkäufers und des
Kunden.

Verkaufspsychologie 1926

Kapitel 7: Der aktive Beziehungsmanager

Ihr Umsetzungsprogramm

„Nicht das, was wir beginnen, zählt, sondern das, was wir fertig-
bringen."   *Emil Oesch*

Sie sind nun am Ende dieses Buches angelangt und ich möchte es
so abschließen, wie ich es begonnen habe, mit einer Geschichte:

Ying und Yang waren zwei junge, pfiffige Burschen, die nur Spaß
in ihren Köpfen hatten. Im selben Dorf, wie sie lebte ein weiser
Mann, von dem man sagte, dass er alles wisse und sich nie irre.
Und so überlegten sie, wie sie den alten, weisen Mann überlisten
könnten. Ying sagte zu Yang: „Du hör zu, ich hab´ eine Idee. Wir
nehmen eine Taube, halten sie hinter den Rücken und fragen ihn:
‚Lebt diese Taube oder ist sie tot?' Wenn der weise Mann nun sagt,
sie ist tot, dann holen wir sie hervor und lassen sie fliegen. Wenn
er aber sagt, sie lebt, dann drücken wir ihr die Luft ab und zeigen
ihm, dass die Taube tot ist. Gleich, was er uns sagen wird, die Antwort ist falsch." Yang war begeistert und beide setzten ihren Plan
in die Tat um. Sie stellten dem weisen Mann die Frage. „Du, weiser
Mann, wir haben hier eine Taube hinter dem Rücken. Sag uns, ob
diese Taube tot ist oder ob sie lebt." Der weise Mann überlegte lange und sagte schließlich zu den beiden Jungen: „Ob diese Taube
tot ist oder lebt, liegt ausschließlich in eurer Hand."

Ob das Gelesene tot ist oder lebt, liegt nun ausschließlich in Ihrer
Hand. Es ist Ihre Entscheidung.

Gedanken sind Äste, Worte sind Blätter, Taten sind Früchte. Ernten
Sie die Früchte Ihrer Arbeit. Beginnen Sie jetzt. Als Beziehungsmanager wissen Sie, dass alle guten Vorsätze mit Aufträgen zu
vergleichen sind, auf denen die Unterschrift des Kunden fehlt. Sei-
en Sie aktiv und übernehmen Sie die Führung. Nutzen Sie alles,
was Sie hier gelesen haben, für sich selbst, aber auch für andere

**Ernten Sie
die Früchte
Ihrer Arbeit!**

– tun Sie es für Ihre Kunden. Immer wieder höre ich: „Ich kenne mich aus im Beziehungsmanagement, ich weiß, dass es so und so geht..." und dennoch werden die gewünschten Ergebnisse nicht erreicht.

„Erfahrung ist das einzige Wissen, das man nicht erlernen, sondern nur erleben kann."

Verfasser unbekannt

Wissen allein reicht eben nicht aus, man muss es auch anwenden. Sich selbst soweit zu bringen, alles Notwendige zu unternehmen, um besondere Leistungen zu erzielen, ist einer der wichtigsten Erfolgsgrundsätze, den ich kenne. Wenn Sie nun dieses Buch gelesen haben und zu sich sagen: „Ein prima Buch mit guten Ideen!", dann ist es schade. Dann profitieren Sie nicht viel davon. Sie hätten das Geld für dieses Buch auch besser ausgeben können. Doch vielleicht haben Sie zu viel auf einmal gelesen und womöglich hat Sie manches verwirrt. Oder Sie fragen sich, ob das wirklich so funktioniert, wie es hier beschrieben ist. Eventuell wissen Sie bei so vielen Ideen auch nicht genau, wo Sie beginnen sollen? Verständlich – aber dennoch: es ist Ihre Entscheidung, was Sie damit anfangen!

Wenden Sie Ihr Wissen so oft wie möglich an!

Sie haben die Wahl. Es liegt an Ihnen, welche der nun folgenden Möglichkeiten Sie für sich auswählen:

1. Sie setzen nichts um und stellen das Buch als „gelesen" zu Ihren anderen Büchern. Schade, dann haben Sie Ihre Zeit verschwendet.

2. Sie können zu sich sagen: „Viele gute Gedanken. Sie gefallen mir, das will ich alles probieren, bis ich es kann!" Dies ist die sicherste Möglichkeit, dass nichts geschieht.

3. Sie können auch Ihren Kollegen, Mitarbeitern und anderen diese Tipps und Anregungen weiterempfehlen, damit diese sich ändern. Sicher kennen Sie einige, die es nötig hätten. – Doch auch das wird nur von mäßigem Erfolg gekrönt sein, solange

Sie es ihnen nicht selbst vorleben.

4. Oder Sie entscheiden sich, all das Gelesene nicht auf einmal, sondern wie beschrieben, Stück für Stück umzusetzen und zu erleben. Um dies zu erreichen, nehmen Sie sich jeden Tag oder jede Woche nur ein Thema oder eine Aufgabe vor. Konzentrieren Sie sich jeweils auf nur einen Punkt, bis Sie das Gewünschte erfolgreich in Ihr Verhalten übernommen haben. So sind Sie in wenigen Wochen weiter als mancher Mensch in einem Jahr. Üben Sie immer nur 1 Gebot des Beziehungsmanagements und wenn Sie am Ende der 10 Gebote sind, beginnen Sie wieder von vorne. Gehen Sie die 7 Erfolgsgrundsätze nacheinander an und leben Sie bewusst danach, anschließend die Glaubenssätze usw. Arbeiten Sie sich so „step by step" durch das Buch zu Ihrem Erfolg.

Entscheiden Sie sich jetzt dafür, dies so zu tun. Legen Sie jetzt die Reihenfolge Ihres kommenden

3-Monats-Programmes

fest. Erleben Sie dann zwölf Wochen lang die Kraft der Umsetzung. Beginnen Sie gleich. Sie werden feststellen, dass bereits nach zwei oder drei Wochen Ihre Freunde, Kollegen, Mitarbeiter und Kunden die positive Veränderung bei Ihnen bemerken werden.

Aktivieren Sie all Ihre Potenziale. Setzen Sie Ihre ganze Kraft dafür ein. Ich kenne Leute, die äußerst sparsam mit ihrer Energie umgehen, damit sie länger reicht. Ich sehe das anders. Wenn Sie viel geben, erhalten Sie auch viel zurück. Positives Feedback, Erfolg und Zufriedenheit werden der nötige Strom zum Laden Ihrer Batterie sein. Also, setzen Sie all Ihre Energie, die Sie haben, dafür ein, das zu erreichen, was Sie wollen, damit Ihr Energie-Akku immer voll geladen ist. Leben Sie jeden Tag, als wäre es der wichtigste in Ihrem Leben.

Wer viel gibt, bekommt viel zurück

Zum Schluss des Buches möchte ich mich auf diesem Wege noch

bei Ihnen bedanken. Obwohl wir uns nicht persönlich kennen, will ich Ihnen sagen, wie sehr ich Ihre Aktivität und Ausdauer würdige und schätze. Sie haben viele Seiten gelesen, eine Menge Aussagen überdacht, manche Aufgabe ausprobiert und erfolgreich bewältigt. Sie haben mir damit eine große Freude gemacht. Sie haben es möglich gemacht, Ihnen einen bedeutenden Teil meines Lebens, meiner Erkenntnisse und meiner Einstellung zu vermitteln. Wenn Sie durch regelmäßige Notizen in Ihrem persönlichen Strategieheft und Üben der Aufgaben einige meiner Strategien erfolgreich in Ihr Leben übernehmen und anwenden, freut mich das besonders.

Sollte Ihnen dieses Buch zu erfolgreicherem Umgang mit sich selbst und anderen verholfen haben, dann habe ich mein Ziel, den Grund, warum dieses Buch geschrieben wurde, erreicht. Vielen Dank. Ich freue mich mit Ihnen, dass Sie

geworden sind, dass Sie das erfolgreiche Gestalten von menschlichen Beziehungen für sich und andere verantwortlich übernommen haben. Herzlichen Glückwunsch.

Zum Abschied möchte ich Ihnen noch einen meiner wichtigsten Leitsprüche verraten. Dies in der Hoffnung, dass er auch zu einem Ihrer wichtigsten Erfolgsleitsprüche werden möge:

> „Es ist nicht genug, zu wissen,
> man muss es auch anwenden;
> es nicht genug, zu wollen,
> man muss es auch tun."

J. W. von Goethe

Bereits 13 Mal ausgezeichnet!

2013 Internationaler Deutscher Trainingspreis in Silber

für das Konzept
„Emotionalisierung im technischen Vertrieb"

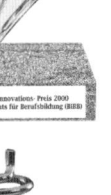

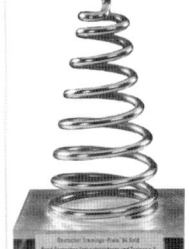

2012 Internationaler Deutscher Trainingspreis in Silber

für das Konzept
„Entwicklungsprogramm zum Medienberater"

2012 Internationaler Deutscher Trainingspreis in Silber

mit PHOENIX Pharmahandel GmbH & Co. KG
für „M COLLEGE – Qualifizierungstrainings für
Naturheilkunde in Apotheken"

2011 Internationaler Deutscher Trainingspreis in Bronze

für „Commitmenttraining Smart Leadership:
Mitarbeiterführung auf den Punkt gebracht!"

2010 Internationaler Deutscher Trainingspreis in Bronze

INtem®-Partner gewinnt mit dem Konzept
„Vorne ist immer Platz! Pole Position durch
konsequente Qualitätssteigerung im Vertrieb"

2008 Internationaler Deutscher Trainingspreis in Gold

für das Konzept „Einbindung des Kompetenz-
managements in die vier Bereiche des
Bildungscontrollings"

2008 Internationaler Deutscher Trainingspreis in Gold

INtem®-Partner gewinnt mit dem Konzept
„Strategisches Unternehmens-Coaching als
Erfolgsfaktor für den Mittelstand"

2007 Internationaler Deutscher Trainingspreis in Silber

für ein Tandem-Training und Coaching
der Unternehmensnachfolge

2006 Internationaler Deutscher Trainingspreis in Silber

für das flächendeckende Konzept
„Großhandel macht den Einzelhandel fit"

2006 Internationaler Deutscher Trainingspreis in Platin

INtem®-Partner gewinnt mit dem Konzept
„Bessere Kommunikation im
Gesundheitswesen"

2000 Weiterbildungs-Innovations-Preis des BIBB

für „Die Dentalberaterin", die nachhaltig
die Ertragskraft der Zahnarztpraxis und
die Kompetenz der Mitarbeiter steigert

1998 Deutscher Trainingspreis in Silber

für das Konzept
„Einbindung der Führungskräfte
als Coach ihrer Mitarbeiter"

1994 Deutscher Trainingspreis in Gold

für messbare Umsatzsteigerung
durch das INtem® Verkaufstraining

Die Stufen zu mehr Vertriebserfolg ⟶ **INtem® IntervallSystem**

Das sollte Ihnen nach einem Seminar nicht passieren!

Fragt man nach dem Ergebnis eines Seminars, stößt man immer wieder auf folgende Problematik:

Der Teilnehmer selbst sprach von „drei harten Tagen": „Sechs Stunden pro Tag nur sitzen, zuhören und mitschreiben; drei Tage mit Wissen vollgestopft werden und sich fühlen wie ein Wassereimer, den jemand mit einem Feuerwehrschlauch gefüllt hat. Was bleibt im Endeffekt von all dem Gelernten noch übrig?

Außerdem wurde im Seminar oft nicht auf meine individuellen Probleme eingegangen. Und wann sollen die Seminarunterlagen durchgearbeitet werden - am Wochenende oder Ende des Monats...?" (Anmerkung: Dies ist der sicherste Weg, Seminarunterlagen für immer in die unterste Schreibtischschublade zu verbannen.)

Der Vorgesetzte berichtet: „Nach drei Tagen Seminar kamen meine Mitarbeiter voller Motivation zurück in die Firma. Da sich aber auf den Schreibtischen Kundenanfragen, Auftragsbearbeitungen und Telefonzettel stapelten sowie das tägliche Arbeitspensum zu absolvieren war, blieb nie die notwendige Zeit, das Erlernte in die Praxis umzusetzen. War alles wieder aufgearbeitet, schien die Motivation genauso schnell verpufft, wie sie erzeugt worden war und jeder fiel in seinen üblichen Arbeitstrott zurück."

Schließlich **der Chef**: „Was nützen uns Seminare und Schulungen, wenn sich das Verhalten unserer Mitarbeiter nicht nachhaltig verbessert? Gibt es kein Seminar, das die praktische Umsetzung und die Motivation der Mitarbeiter langfristig sichert? Haben wir uns überhaupt für die richtige Trainingsmethode entschieden oder haben wir viel Geld für wenig Wirkung ausgegeben? Welche anderen Lösungen gibt es?"

Aufgrund solcher Erfahrungen hat das IN*tem*®-Institut diese spezifischen IntervallSystemTrainings entwickelt.

Erfolgsfaktoren der INtem® IntervallSystemTrainings

1. Kleine, in sich abgeschlossene Lernschritte

Die Trainingsprogramme umfassen 4 - 12 praxisbezogene Intervall-Einheiten. Der Trainingsteilnehmer wendet nach jedem Intervall eine bzw. zwei Wochen lang das bis dahin Erlernte in seinem persönlichen Arbeitsbereich an. Damit ist er in der Lage, Erkenntnisse aus dem Training sofort praxisgerecht und erlössteigernd einzusetzen.

Das bedeutet für den Teilnehmer:

— schnellere Erfolgserlebnisse in der Praxis
— kein demotivierender Lernstress
— keinen überfüllten Schreibtisch, da die jeweils kurzen Intervall-Trainingsphasen einen nahezu reibungslosen Ablauf der täglichen Verkaufsarbeit gewährleisten.

2. Jeder Teilnehmer arbeitet an seiner individuellen Zielsetzung

Da dies zusätzlich zu den Trainingsinhalten geschieht, erlangt der Teilnehmer größere Sicherheit im gesamten Trainingsprozess und somit persönlich messbare Erfolge.

3. Kein Lehrer-Schüler-Prinzip

Partnerschaftliches, aktives Lernen und praxisbezogenes Handeln erhöhen den Lernerfolg um ein Vielfaches. Durch individuelles Coaching der Teilnehmer wird eine positive Verhaltensänderung nachhaltig gefördert und verankert.

4. Stärken erkennen und verstärken

Die Teilnehmer werden vom Trainer ermutigt, in vorgegebenen und praxisbezogenen Situationen ihre gewohnte Sicherheitszone zu verlassen. Durch eine positive und ungezwungene Lernatmosphäre wird es den Teilnehmern ermöglicht, ihre oft verborgenen

Fähigkeiten besser zu erkennen und einzusetzen. Diese neu erfahrenen Stärken werden vom Trainer kommentiert und intensiviert. Die Gruppe bestätigt und fördert zusätzlich die einzelnen Teilnehmer durch Vergabe von Anerkennungspreisen für besondere Aktivitäten und erfolgreiche Umsetzung.

Dadurch werden Eigenschaften wie Mut, Kreativität und Selbstvertrauen gefördert, Arbeits- und Einsatzfreude positiv beeinflusst und somit die Persönlichkeit gestärkt.

5. Konkrete Aufgaben zur Umsetzung in die Praxis

Jeder Teilnehmer verpflichtet sich ganz konkret, seine Trainingserfahrungen auf seine persönliche Situation zu übertragen und in der täglichen Praxis anzuwenden. Über das Ergebnis wird er in der jeweils folgenden Intervall-Einheit berichten. Die sofortige praxisbezogene Anwendung ist der erste Schritt zu einer nachhaltigen Verhaltensänderung.

6. Eigenmotivation und Begeisterung

Oft unterschätzte Erfolgsfaktoren sind Motivation und Begeisterung. Manch einer behauptet sogar, dass dies die Erfolgsfaktoren „Nummer 1" sind.

Bei diesem Thema werden selbst erfahrene Trainingsteilnehmer wieder wach:
— Power tanken!
— Motivation mitnehmen, aber solche, die von innen kommt!
— Begeisterung wieder spüren und übertragen können!

Motivation und Begeisterung sind die Antriebsfedern
für Einsatz- und Leistungssteigerung.

Nur was über einen längeren Zeitraum gemeinsam in der Gruppe aufgebaut wird, kann nachhaltig zu wirksamen Ergebnissen führen. Deshalb veranstalten wir keine 3-Tage-Kompaktseminare, sondern trainieren mit unseren Teilnehmern über Monate.

6 Säulen tragen unsere Trainings:

1. Teilnehmerorientiertes Erlebnis-Training

Die Trainingseinheiten bestehen zu ca. 70 % aus Gruppen-/ Einzelarbeiten, Rollenspielen und Brainstorming, zu ca. 30 % aus Demos, Erläuterungen und Lehrgesprächen. So können „Alte Hasen" und Neueinsteiger gemeinsam trainiert werden und voneinander profitieren. Durch Feedbackbögen und Teilnehmer-Rückmeldungen wird das Training ständig überarbeitet und den aktuellen Marktbedingungen angepasst.

2. Ganzheitlich aufgebautes Training

Alle INtem® IntervallSystemTrainings wurden als ganzheitliche Trainingsmaßnahmen entwickelt.

Bei der Entwicklung wurde speziell auf langfristiges „Behalten" und unkompliziertes (d. h. gehirngerechtes) Erlernen Wert gelegt.

So werden beim Training regelmäßig die rechte und linke Hirnhemisphäre gemeinsam aktiviert:

d. h.

Sprache
analytisches
Denken, Logik
usw.

**linke
Hirnhemisphäre**

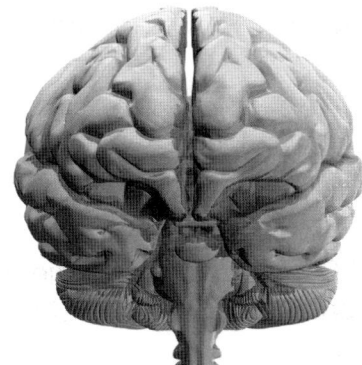

Bilder, Gefühle,
Denken,
Phantasie
usw.

**rechte
Hirnhemisphäre**

werden ganzheitlich in den Lernprozess eingebunden.

3. Praxistrainings mit Umsetzungsphasen

Die Lernziele werden nicht schematisch in vorgegebener Reihenfolge „durchgezogen", sondern sind didaktisch und methodisch miteinander verknüpft. Die Trainingsschwerpunkte liegen auf Können und Einstellung und nicht nur auf reiner Wissensvermittlung von Verkaufstechniken. Durch das in sich geschlossene, auf 4 -11 Intervalle abgestimmte Trainingskonzept, wird bei den Teilnehmern der gewünschte Lernerfolg erzielt.

4. Training zur Verhaltensänderung

Verhaltensänderung benötigt Zeit! Deshalb trainieren wir in kleinen Schritten mit vielen dazwischenliegenden Umsetzungsphasen. Die Merkfähigkeit des Menschen beträgt durch selbstständiges Ausführen ca. 90 %. Die INtem® Trainingsmethode zur Verhaltensänderung umfasst daher: Vorführen, erläutern, ausprobieren im Training, umsetzen in die Praxis, berichten, lesen und hören. Die Teilnehmer beherrschen am Ende die Trainingsinhalte, es ist kein zusätzliches Nacharbeiten des Trainingsordners erforderlich.

5. Messbares Training

Speziell im Verkaufstraining ist eine konkrete Messung von Umsatzzuwachs oder Zusatzerlösen auf Wunsch möglich.

6. Prozessbegleitendes Training

Das Training kann in einen unternehmensbezogenen Prozess miteingebunden werden. Unternehmensphilosophie (CI) und neue Unternehmensziele werden in besonderem Maße berücksichtigt. Dies fördert das unternehmerische Denken der Mitarbeiter.

Dies zusammen sichert die nachhaltigen Lernerfolge. Deshalb:

 „Damit Vergessen schwerer wird als Lernen."

Starten Sie jetzt Ihre Karriere
als Verkaufstrainer im INtem® Franchise

Lehnen Sie sich einmal zurück, und stellen Sie sich dieses Leben vor: Sie arbeiten frei und unabhängig selbstständig als Trainer im Verkauf. In spannenden Seminaren und Trainings geben Sie Ihr wertvolles Wissen weiter. Dabei leben Sie in Sicherheit und schauen optimistisch in die Zukunft: Denn Sie haben einen festen Kundenstamm von angesehenen Unternehmen, von denen Sie immer wieder engagiert und weiterempfohlen werden. Sie verdienen vielleicht sogar mehr als jemals zuvor. Und das alles als Selbstständiger, als Ihr eigener Herr – ganz ohne die Zwänge einer angestellten Arbeit ... Nur ein Traum?

Dieses Leben kann für Sie Wirklichkeit werden – schneller und sicherer, als Sie es sich heute vielleicht vorstellen.

Damit Sie für diesen ganz entscheidenden Schritt – vielleicht einer der wichtigsten in Ihrem Leben – ausreichend informiert sind, bieten wir Ihnen einen kostenlosen Infotag an, bei dem Sie die Möglichkeit haben alles über das INtem® Franchise zu erfahren. Hierbei ist auch genug Zeit um alle individuellen Fragen zu beantworten.

Die Phasen der INtem® Trainerausbildung

Phase 1a: INtem® Training Verkauf selbst erleben
Phase 1b: Nacharbeiten des Trainings und schriftliche
             Vorbereitung zur Trainerausbildung (Phase 2).
Phase 2:   Trainerausbildung zum INtem®-Trainer Verkauf
Phase 3:   Abschlusstrainingstage und Testing
Phase 4:   Spezialthemen in der Ausbildung,
             Konzeption von messbaren Trainings, u. a. m.

Erfolg muss belohnt werden, d. h. am Ende Ihrer Verkaufs-Trainerausbildung erhalten Sie Ihr

— **Trainer-Diplom:** „Akkreditierter INtem®-Trainer Verkauf"
— **Zertifizierung vom ZQS:** „Certified Sales Professional"
— **Zertifizierung vom BDVT:** „Geprüfter Verkaufstrainer BDVT"

Informationen zum INtem® Franchise erhalten Sie bei:

INtem® Trainergruppe Seßler & Partner GmbH, Mannheim
Telefon: +49 621 43876-0, Telefax: +49 621 43876-10
E-Mail: info@intem.de
Internet: www.intem.de/franchise

Informationen über die INtem®-Trainings erhalten Sie von Ihrem Ansprechpartner – siehe Buchumschlag.

Auszug aus unserer Referenzliste:

Bereich Banken und Finanzdienstleistungen:
PSD Banken e. V., Deutsche Sparkassen Akademie, Div. Sparkassen, Div. Volksbanken, Union Investment, Disko Leasing GmbH, DZ Bank AG, Plansecur Management GmbH, Nord LB, Hypo Vereinsbank, Commerzbank, Allianz, MLP, FG Finanz, BHW Baufinanzierung

Bereich Beratung, Dienstleistung:
Ernst & Young AG, Mood Communications, Deutsche Vermögensberatung Aktiengesellschaft, Multiconsult GmbH

Bereich Versicherungen:
Axa Colonia, Signal Iduna Nova, Vereinte Versicherung

Bereich Industrie, Groß- und Einzelhandel:
Phoenix Pharma Handel, Baywa, Bonduelle, Freudenberg Mektec, Jung Pumpen, MAN, MAPA, Swatch, Weldebräu, Heidelberger Druckmaschinen, Mineralbrunnen, Steffel Unternehmensgruppe, ALSCO Berufskleidungs-Service GmbH

Bereich Logistik:
Hansetrans, Deutsche Bahn, Lufthansa

Bereich Gesundheitswesen:
AOK, TKK

Bereich Energieversorgung:
RWE, ENBW -Thermogas, Vaillant Heizung, Immosolar

Bereich IT, Telekommunikation:
Mobilcom, O2, Detewe, Siemens-Nixdorf Plan Org, Xerox GmbH, SAP

Bereich Hotel, Gastronomie:
Käfer Berlin, Seehotel Ketsch

Bereich Immobilien:
Hefel Wohnbau AG, Klaiber, Weber Haus

Bereich Automobil und Zulieferer:
Ruthmann, ZOOOM, Vibracoustic, Daimler Benz Aerospace

Bereich Medien:
BigFM, Radio Regenbogen, SWR3

Zertifiziert nach DIN EN ISO 9001:2008

TQCert

Zertifizierungsstelle nach DIN EN ISO/IEC 17021

Zertifikat

Die Zertifizierungsstelle TQCert GmbH bestätigt hiermit, dass das Unternehmen

**INtem Trainergruppe Seßler & Partner GmbH
D-68219 Mannheim, Mallaustraße 69 - 73**

für den Geltungsbereich

**Planung und Durchführung von Trainings- und
Weiterbildungsmaßnahmen im Bereich Mitarbeiter-,
Management- und Organisationsentwicklung**

ein Qualitätsmanagementsystem eingeführt hat und anwendet.

Durch ein Audit wurde nachgewiesen und in einem Bericht dokumentiert, dass dieses Qualitätsmanagementsystem den Anforderungen der Norm

DIN EN ISO 9001:2008

entspricht und geeignet ist, die qualitätspolitischen Zielsetzungen, auf die ausdrücklich verwiesen wird, zu verwirklichen und aufrechtzuerhalten.

Das Zertifikat läuft aus am: 14.11.2018

Zertifikat Nr.:   S-01212-2066
Kassel, den   08.12.2015

(((DAkkS
Deutsche
Akkreditierungsstelle
D-ZM-16035-01-01

TQ CERT

TQCert GmbH
Zertifizierungsstelle

Dipl.-Ing. Hans-Jürgen Cloodt
Geschäftsführer

Johannes Döring
Leiter der Zertifizierungsstelle

Zertifizierungsstelle TQCert GmbH Kassel, Gobietstraße 13, 34123 Kassel, 0561 94 99 720

Coaching-Brief

Der INtem® Coaching-Brief mit Praxis-Tipps für Vertrieb und Führung

Der INtem® Coaching-Brief ist ein kostenloser monatlicher Service. Er versorgt Sie jeden Monat per E-Mail mit sofort einsetzbaren Praxistipps rund um die Themen Vertrieb und Führung.

Machen Sie sich einen Eindruck von den praxisbezogenen Themen, die von Experten aus Vertrieb und Führung für meine Kunden erarbeitet wurden.

Besuchen Sie jetzt meine Webseite!
(siehe Buchumschlag)

Hören Sie sich den Coaching-Brief-Podcast an, laden Sie sich eine Ausgabe als PDF-Datei herunter und melden Sie sich kostenlos an.